优雅绅士 IV
户外服

刘瑞璞
　　　　编　著
周长华

化学工业出版社
·北京·

我们对户外服的认知，存在着一个普遍的误区：它是大众产品，谈不上优雅和高贵；它是时令产品，没有历史可言；它是实用制品，无所谓职场规则和社交伦理；它是个性消费品，可以我行我素。读完这本《优雅绅士Ⅳ·户外服》，这些便都成了问题，在通往成功绅士的历程，甚至是最具风险的问题。因此，《优雅绅士Ⅳ·户外服》更像是绅士着装蒙学读物，但其中并不缺少对纲领的把握，这就是户外服"轻重文化系统"。

国际着装规则（THE DRESS CODE）成为国际贵族的社交规则和奢侈品牌的密码，这与它作为绅士文化发端于英国、发迹于美国、系统化于日本的形成路线有关。户外服的"轻重文化系统"也是在这个背景下形成的。全书依照男士国际着装惯例细则展开，依据比教学的方法，逐一探究了当今绅士户外服传承的两种文化价值和品位的社交格局和经典案例。本书为建立规范的绅士户外服饰文化、品牌开发及成功人士着装品位提供了有价值、操作性强和有效的指导，这是一本有关户外服优雅生活方式和绅士文化的权威教课书。

图书在版编目（CIP）数据

优雅绅士Ⅳ．户外服 / 刘瑞璞，周长华编著．北京：化学工业出版社，2015.2

ISBN 978-7-122-22543-6

Ⅰ．①优… Ⅱ．①刘… ②周… Ⅲ．①男服－衬衣－服饰文化－世界 Ⅳ．① TS941.718

中国版本图书馆 CIP 数据核字（2014）第 293389 号

责任编辑：李彦芳　　　　　　　　　　装帧设计：知天下
责任校对：吴　静

出版发行：化学工业出版社（北京市东城区青年湖南街 13 号　邮政编码 100011）
印　　装：北京虎彩文化传播有限公司
787mm×1092mm 1/16　印张 11.5　字数 200 千字　2016 年 6 月北京第 1 版第 1 次印刷

购书咨询：010-64518888　　　　　　售后服务：010-64518899
网　　址：http://www.cip.com.cn
凡购买本书，如有缺损质量问题，本社销售中心负责调换。

定　　价：58.00 元　　　　　　　　　　版权所有　违者必究

序言

因为"慢"而欣赏，因为"快"而离去

户外服在国民意识中最大的误区就是可以我行我素，在精英社会中也不过是被非名即贵的心态挟持着，全球户外奢侈品销售的统计报表记录了连续几年中国在领跑着世界户外奢侈品的市场就是个证明，而户外文化建设几乎为零。在欧美、日本甚至韩国、新加坡和我国的香港、台湾等的书店中可以轻而易举地找到像 ICONS MEN 'S STYLE、VINAGE MENSWEAR 这种关于高屋建瓴的户外服专著，也可以触手可得像 OUTDOOR、CLOTHES 户外服品味休闲的心灵鸡汤。因此，在绅士文化中就从来不缺少户外生活，在他们看来户外运动、休闲社交，不仅是一种品位生活方式，也是一种文明社会古老的文化产业。我们即使认识到这一点，由于功利和基于迅速见效的形象工程的驱使，我们太多地注重休闲生活，不关注休闲品位；我们太多地倾注了文化产业，忽视了社会文明；我们太多地渴望发展而丢掉了传统保护。如果我们缺少对古迹敬畏的心理准备（当她成为全民自觉之时，就是品味休闲到来之日），旅游开发或许是一场灾难，这让我们想起周恩来总理对挖掘古墓"要慢慢来"的态度，当我们还没有掌握确凿的技术，还是留给我们的后代这样的忠告。客观上古城的旅游开发最终都是以加速传统的消亡为代价的现实被击得粉碎。极端的例子如香格里拉、束河古镇、重庆的民族古寨、古桥都因过度开发而付之一炬。最具典型例子是云南丽江古城和湖南凤凰古城的开发模式。它们传统与现代共存但看不到传承，城中几乎全部的原住民把自有的住宅租给了全国各地（甚至世界各地）的商人。更可怕的是这种模式迅速的经济回报，产生了巨大的示范效应，以它为核心的周边古镇、古村也迅速跟进，然而它们的基础设施脆弱、管理水平低、投入不足，却强行过度开发，仅离丽江古城几公里的束河古镇火烧连营或许是噩梦刚刚开始，因

为像安徽、江苏、浙江和山西集中的古城、古镇、古村都在寻找迅速致富的突围之路，或者已经成为第二个丽江、第三个凤凰了。

西方发达的文物政策是"保护与控制"相结合，"保护"就是最大可能降低它消亡的时间和程度，"控制"是将损坏的文物用科学手段保持原状，如果必须进行修复，也不是修旧如旧，而是"修旧如新"，这是为了让原物和修复的地方有明显区别，以提供后来研究者准确、客观地判断不同历史时期的人文信息。忽然让我们联想到户外服的经典巴布尔浸蜡夹克那英国古老的狩猎文化安静缓慢地释放出的气息，致雅、悠然地享受户外阳光、青草、淡淡水腥的自然空气。忽然意识到户外运动、休闲，从慢生活而来，又到慢生活而去，"慢"便成为绅士休闲生活的境界。

"慢"最重要的是你要负重，才会慢下来，而一步一步地体验，一眼一眼地观赏，你的衣服要足够专业，使用时会耗时却很有成就感，衣服的所有部件都是可以拆卸的，你必须完成每一步程序才能到位，但很享受，因为你会变得矜持却风度翩翩。这一切都是因为慢而存在。

"慢生活"我们谁都不怀疑它是一个全新的时尚概念，但这就大错特错了。欧洲人发现丽江古城（19 世纪末 20 世纪初），就是因为你必须住下来慢慢地去品她，当很多中国人效仿西方人的时候，丽江变得嘈杂起来，欧洲的探路者便陆续地撤离，最后没有了他们的踪影，这都是因为丽江变快了，它的价值也就荡然无存。

"快生活"是户外文化与"慢生活"并驾齐驱的现代价值观，值得玩味的是，这种大众的快生活户外文化是建立在慢生活的一切绅士传统上形成的美国常青藤文化。她的伟大贡献就是让大众从"快生活"中也能够有品位、有尊严地享受"慢生活"的品质。

目录

第一章　基于国际着装规则（THE DRESS CODE）
　　　　户外服的文献解读 001

一、国际着装规则（THE DRESS CODE）中的户外服 002
二、值得重视的《户外服》（OUTDOOR）文献 003
三、《男士历史衣橱》（VINTAGE MEN'S WEAR）户外服的
　　历史博物馆 005
四、《男士风格标志》《绅士》和《别致的简洁》006
五、户外服的外延文献 008

第二章　户外服功能礼赞 009

一、户外服从"无约束的约束"到"无为而治" 010
二、户外服的人文关怀让功用充满魅力 014
三、堑壕外套诠释着户外服的务实和信任 016

第三章　引领休闲时尚的两种户外服文化 025

一、户外服的两种出身 026
二、并行的两大户外服风尚 028
三、英国风的坚守 035
四、美国风的务实 038

第四章　古朴田园的英式文化 041

一、田园情节——一种普世的社交取向 042
二、质朴的高贵——沁蜡夹克巴布尔 043
三、Polo 衫——一种古老优雅文化的延伸 055
四、水面的功夫与修身的钓鱼背心 064

第五章　美国休闲文化大趋势 072

一、美国实用主义的智慧 073

二、牛仔裤——户外服新古典主义的风向标 074

三、派克家族——一种务实精神的选择 087

第六章 轻重文化衍生出的两种经典 097

一、派克家族可以和"牛仔裤文化"媲美的美国精神 098

二、让男人可以进入保险箱的巴布尔和它的两个"兄弟" 106

第七章 现代户外服新贵 113

一、构成现代运动户外服格局的三种经典夹克 114

二、牛仔夹克从美国的底层文化到英国的高贵质素 114

三、斯特嘉姆夹克——常青藤贵族 122

四、白兰度夹克 127

第八章 毛衫和针织衫的经典 133

一、民族毛衫的绅士艺术家是怎样炼成的 134

二、运动毛衫的英国血统与常青藤风格 141

三、由内衣而来到运动而去的针织衫 147

第九章 穿出户外服的优雅 157

一、户外服社交不易犯错亦难优雅 158

二、不同历史背景带给户外服不同的社交品格 160

三、面料与形制决定户外服的社交取向 165

四、户外服功用细节的社交暗示 167

五、户外服的重色彩与轻色彩 168

六、梳理休闲 170

参考文献 176

后记 178

第一章

基于国际着装规则（THE DRESS CODE）户外服的文献解读

国际着装规则被翻译为"THE DRESS CODE"，它是针对社交界、时尚界和奢侈品的专用名词，特指绅士（先生）着装规制的密约。"THE"用于强调特定用语的专属性。虽然表示着装的词汇很多，如"COSTUME""CLOTHING""APPAREL""FASHION""DRESS"等，但是只有"DRESS"一词泛指适合于特定场合、时间和地点时所穿的衣服，而其他表示服装的词汇均无此意。"CODE"原意是指密码、法典，后来引申为规则、准则。因此主流社会将这三个词合在一起表示特定场合、时间和地点的着装规则，即"国际着装规则"。

国际着装规则（THE DRESS CODE）可以说是包括以英国为首的欧洲、美国和日本为主导的富人社交俱乐部规制，他们对国际着装规则的研究已经相当成熟和完善，出版的有关文献也极具权威性和引领价值，无疑是我们在学习男装知识和研究男装国际规则时不可或缺的重要文献（图1-1）。

图 1-1 THE DRESS CODE（国际着装规则）的日本文献

一、国际着装规则（THE DRESS CODE）中的户外服

户外服虽种类繁多，样式各异，规律松散，但它并未被排除在规则严谨的国际着装规则中。特别是在国际着装规则（THE DRESS CODE）的发源地英国，着装规则不单单只应用到正式社交场合或工作场景中，即便连休闲时光也可感受到它的存在。例如在白金汉宫花园观光的入园须知中就明确指出了穿着户外服入园的着装规则（DRESS CODE）事项。在事项中首先写到"没有一种统一正式的着装规则"，这句话值得研究，请柬中标明"DRESS CODE"，却在正文中并没有提示标准的着装规则。其实这正是户外服在国际着装规则中的魅力所在，即无法之法与无为而治的理念。须知中还写到"应考虑时间、地点、场所、天气和季节合理着装"，可见在看似未有标准的休闲场合，TPO（时间、地点、场合）依旧是国际着装规则中重要的装扮依据。须知提示"女士不必戴帽，男士不必系领带穿西装。禁止穿着破烂牛仔服和无领T恤衫等未经深思熟虑的街头服装"，这明确了休闲时段中针对特别场所的禁忌服饰。

通过白金汉宫入园须知的这段文字，我们可以寻觅到户外服的着装密码。它在高级别礼仪中未有明确的标准，而在低级别礼仪里又拒绝街头文化。其实它想宣示的户外服着装规则，是一种绅士休闲的优雅味道，一种既不正式又不随意的品位户外服风格的拿捏（图1-2）。

表面上看户外服在国际着装规则系统中属于被边缘的一类（纯属习惯上的误解），事实上户外服相比其他类型服装（如礼服、西装），足可以占据半壁江山，并且有更加发展壮大之势。其实这种情况并不难理解，在公务商务中，正式场合的天数只有4天，即周

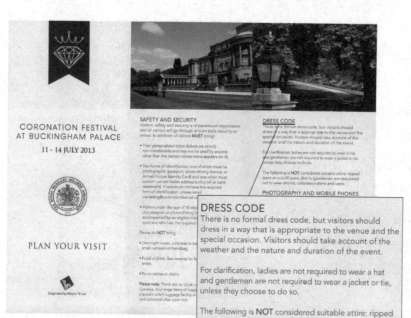

图1-2 白金汉宫花园入园须知的着装要求

一至周四的工作日时段，周末休假时段的2天外加半正式的休闲星期五，实际上休闲的时间要占到3天。如果精确到小时则更加明显，一周标准的工作时间只有40小时，不足全部168小时的四分之一。可见休闲场合在我们的生活中所占比重一点都不少。只是在信息尚不发达的时代中，这种处于自身隐私时间的休闲状态不容易披露而被大众所察觉。但进入信息时代后，人们的隐私空间变得越来越小，那么户外服作为休闲状态的服饰类型就会频繁登场，引起大众的关注，使之形象与地位如今蒸蒸日上。

户外服不单单在时间上占据优势，在国际着装规则系统中具有基石地位。户外服不但是整个服装构架组成的基础，甚至成为户外服之外服装类型发展变化的原动力。现在户外服中某个细节的变化，可能就会改变某种礼服的样式。正是户外服的这种作用，才使得各服装类型之间保持了内在的相互联系，从而让松散的服装架构变的完整和系统。

户外服的广泛性和大众化也是让国际着装规则得以践行的良好平台。特别是对于尚在启蒙并致力于将国际着装规则本土化的初始阶段，户外服可以说是让我们认识优雅，懂得品位的最好的实践方式，将这种国际社交语言通过最广泛的户外服得以传播，对于提升中国服装业和培养社交的整体国际形象是大为有利的。

二、值得重视的《户外服》（OUTDOOR）文献

国际着装规则（THE DRESS CODE）的绅士文化发端于英国、发迹于美国、系统化于日本。但对于户外服类的文献，其理论化程度最高的是源于非本土文化的日本户外服小册子《OUTDOOR》。在绝大部分英美文献中，更多的是将户外服与休闲生活联系起来，只作为休闲社交案例的一部分，与礼服、常服、外套等类型服装平行出现在绅士着装的读物中。搭配技巧与社交案例是英美文献的主要诉述重点。而只专一对户外服可以做到探其究竟并以文字进行理论阐述的读物，只有日本文献梳理的更为专业而系统，且最符合东方人的阅读习惯（图1-3）。

《OUTDOOR》并不像同为日本编写的《国际着装规则》（THE DRESS CODE）那样，

图1-3　全面阐述户外服的《OUTDOOR》专业文献

将服装进行完全的理性化判断而形成的条条框框，它类似于一本休闲社交的口袋工具书。将户外服的经典款式加以描述和配图，对其形制通过辞典形式加以表达，甚至配合保养维护等说明类图文章，将书的整体内容编写地实用且贴近生活。

《OUTDOOR》最核心的价值在于在序言中对户外服风格的一段描述，它将户外服做了"硬派"衣料与"软派"衣料不同风格的描述，通过厚重风格与轻薄风格的对比分析，为户外服的"轻重"风格论提供了绝佳的线索（图1-4）。"轻重"风格不单单只限定在外观与面料上，通过其他文献的阅读与整理，对面料"硬与软"的概念进行了全面外延，其中包括面料、配饰、款式、设计、用色等与产生这些现象背后的

历史因素、气候环境和社会背景进行挖掘，发现通过轻重这两种概念，可将上述所有的结果与产生原因都归因于"轻"与"重"的两种文化，而"轻文化"一定源于崇尚快生活的美国冒险文化，"重文化"一定来源追求慢生活的英国绅士文化。

图1-4 提出户外服"轻重文化"的《OUTDOOR》的序言

这其中的重要意义，不只在于将户外服区分成两个大类，更重要的是英美两种强势文化本身所形成的文化结构上的特点都可为户外服所用，并揭示了它们必定成为休闲时尚主流的文化机制和科技力量。宏观上，美国就代表着科技、年轻、快速，而反映到户外服上"轻文化"风格就会更加年轻、随性、舒适，礼仪上功能比伦理变得更强势；英国代表着古典、成熟、稳重，反应到户外服中"重文化"风格会更加优雅、深厚、沉稳，礼仪上他们更希望对绅士传统的坚守。而如何去表现出这种风格，依靠的就是各自文化中细节的习惯把握，这就让户外服在微观上使其各自的细节表现也有了相应的理论支持。

《户外服》（OUTDOOR）提出的"硬软衣料"命题所衍生出的英美"轻重文化"格局，使得户外服无论从宏观的整体风格到微观的细节把握都有了可以依靠的坚实的理论依据。这会使户外服在社交实践与优雅休闲的建构上有更多理性的思考与判断。

三、《男士历史衣橱》（VINTAGE MEN'S WEAR）户外服的历史博物馆

　　理论与实际的相互结合与反复印证是最可靠的知性财富。在"轻重"理论提出的同时，大量翔实的历史记述与图片实录是不可缺少的文献素材。英国时尚作家约什·西姆斯（Josh Sims）所编著的《男士历史衣橱》（VINTAGE MEN'S WEAR）收录的大量的近100年来珍贵而经典的户外服实物图片，为丰富和完善"轻重文化"理论和梳理总结户外服整体脉络提供了可靠的实证依据。

　　约什·西姆斯作为一个时尚作家，对户外服似乎有着自己的偏爱，他多部专著中都有大量的篇幅涉及户外服领域，也包括后文所提的《男人风格标志》。此书的特色在于其并未类同于传统绅士着装书籍中对绅士生活的分类介绍与相应搭配方法的介绍，而是开门见山地放入大量高清的一手实物图片，整本书均无人物出现，介绍也只辅以少量文字，简洁明了地通过视觉系统来传达所要表述的信息，如同参观一座户外服历史博物馆。

　　《男士历史衣橱》完全以展览的形式进行整理和编辑，将20世纪100年来的各时期户外服分为三个部分，运动服、军备服和工作服。令人惊叹高质量的正面、背面和细节视图，有相当多当今户外服经典的鼻祖的面貌展现在我们面前，像堑壕外套、诺福克夹克、巴布尔夹克、斯特嘉姆、蒂尔登毛衫、机车夹克等，可谓户外服经典的盛宴。更加专业的是用特写图片展示当年突破性的设计概念、标志形状和工艺面貌。提供超过300个稀有的珍贵插图，展现着户外服在历史中的变迁过程，这些久远年代带来的敬畏感与真实，不断地激励和巩固着我们对户外服理论建立的信心（图1-5）。

图1-5　《男士历史衣橱》

四、《男士风格标志》《绅士》和《别致的简洁》

　　《男士风格标志》（ICONS OF MEN'S STYLE）是英国时尚作家约什·西姆斯的另一部以户外服为特色的绅士读物。他将英国传统服饰的定制西装与礼服之外的服装几乎都划归为户外服，这说明英国重文化的主体并不是循规蹈矩的狩猎、骑士、远足等贵族化的户外运动，可以说休闲社交是绅士社交文化的主体，全书运动休闲的气息扑面而来，颠覆了人们对绅士社交生活惯常的判断。书中将典型户外服做了较为翔实的历史信息记录，包括时间点、发生事件、变化形式等进行了简单描述。文字内容虽不多，但关键信息完整，足以提示并引导读者萌生自觉探究与发掘的愿望。本书对经典户外服的系统呈现，对理解与认识户外服轻重文化的关系，有很大的帮助。历史是一切信息的来源，只有理清了来龙去脉才能够做到追本溯源，找到其真正的内在本质。书中大量实物以英国风格为主，但透过英国的"重文化"发现了它对美国"轻文化"繁荣的巨大作用，看到了"常青藤帝国"诞生前的面貌和美国冒险精神的根。

　　《绅士》（GENTELMEN）是欧洲最权威的绅士读物之一，户外服内容也占了一大半，它是德国有研究世界经典男装长达20多年的作家兼编辑伯纳德·罗特茨（Bernhard Roetzel）所写的有关绅士的专著，也是他写过的最成功、最著名的有关国际着装规则（THE DRESS CODE）文献全书的核心，绅士永恒的时尚，就是这种永远的朴素和淡定。这部绅士标志性的专著文献自出版之日起便成为男士时尚界的畅销书，也正因如此，这本书被誉为"世界上最广为传诵的时尚专著"。由于书中涉及的都是历史沉淀下来的经典服装，几乎不会随着流行的改变而变化，所以从1999年出版至今，此书的内容都没有做过改动。

　　这是一本教给现代男士在不同场合、不同时间如何将经典服装穿出味道的圣经，当然这其中也包括如何将户外服进行优雅的装扮，教会大众做个全方位全天候的绅士。这里不单单只是服装，要想成为绅士，香水、发型、胡须，甚至到如何修剪指甲都有对应的介绍，其实是想告诉人们，想要成为时尚绅士并没有什么诀窍，那就是需要熟悉他们身边所有事物真正的经典事项以及它们的历史。最让我们悦目的是，仔细阅读这本指南可以享受到充满这种经典和历史插图的饕餮大餐，走进国际时尚界最优秀裁缝和制鞋师的工作室，看吉亚尼·阿涅利穿什么样的户外衬衫，安迪·沃霍尔首选何种牛仔裤等，而且一定会从书中找到它们的出处，从而可以彻底了解到不同户外服类型的面料、裁剪、图案、色彩以及搭配的秘籍，让读者在熟悉掌握着装规则的情况下，身穿户外服也可以享受转变为绅士的愉悦。不过整本书的面貌仍然是英国"重文化"的翻版。

如果说约什·史密斯和伯纳德的专著代表着在国际着装规则（THE DRESS CODE）中英式户外服的经典，那么，美国的《别致的简洁》（CHIC SIMPLE）编辑部长年打造美国人品位生活的系列图书则是国际着装规则学说的普及版。这是美国社会成熟的多元文化所决定的。因此，从品位上讲它绝不逊色于英国的经典学说，只是观察的视角由高端经典转而变得更加生活化，其最重要的意义在于，它把国际着装规则通俗化、把高雅绅士品质大众化了。其实这更利于国际着装规则的普及化。所以使得《别致的简洁》编辑部编写的一系列绅士衣橱品位的图书，不仅备受美国男士的追捧，还成为国际社交和职场着装方案的指南，被社交界称作"简单却保有风格、优雅地走进现代生活的宝典"，成为 20 世纪 90 年代美国人过上品位生活的标志之一。它的核心观点是大众也可以像绅士那样有尊严和品位地生活着。可以说它是通过美国"轻文化"让全世界人过品位生活的倡导者，并以耐看、丰富、轻松而风雅无限的成果宣示这种观点"我们是专门提供给那些相信生活的高品质是来自于事物的削减而不是来自于无畏堆积的人，你懂得的越多，需要的就越少"。我们生活的世界资源是有限的，它让读者将节约、朴素的价值观带入他们的品位生活，影响他们高雅的穿衣风格。

相对英国经典专著和德国严谨的文字态度，美国的《别致的简洁》系列绅士读物更贴近生活、更平民化，内容上也更加朴素和愉悦，更像国际着装规则的快餐，这也正与美国的户外服"轻文化"的理念不谋而合。正因为美国有了这样大众化且权威文献的存在，才使得国际着装规则在美国成功地普及，也正因为美国的成功，使国际着装规则不再曲高和寡而向世界的传播成为了可能（图 1-6）。

英国版

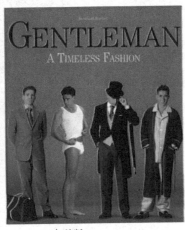
欧洲版

美国版

图 1-6　优雅户外服的三部不同风格的专著

五、户外服的外延文献

　　由于户外服辐射范围大，类型的边界模糊，与常服、外套等相邻的服装类型存在交叉与重合，这些交叉重合区域的服装正是户外服对服装整体系统推进最有力的见证（例如诺福克夹克、堑壕外套等）。这对户外服研究，特别是对户外服的定位和服装整体关系进行思考时，其他类型服装的知识对户外服的补充就显得尤为重要。

　　日本妇人画报社与《户外服》（OUTDOOR）同一系列丛书便成为户外服外延内容的最好补充，例如在《夹克西装》（JACKRT）和《外套》（COAT）书中一些仍带有户外服信息的非户外服类型知识和图片信息，它们佐证着户外服重要的历史与文化信息，特别是英国的重文化，学习外延的文献知识是不可或缺的。

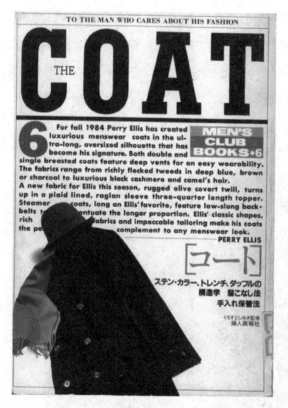 

图 1-7　户外服外延的文献知识不可或缺

第二章

户外服功能礼赞

即使在一些发达国家主流社会，一提到绅士服总会联想到燕尾服（Tailcoat）、董事套装（Director's coat）、塔士多礼服（Tuxedo）、黑色套装（Black suit）、布雷泽（Blazer）等。牛仔裤、皮夹克、旅游鞋、T恤、钓鱼背心之类的户外服无论如何也和绅士挂不起钩来。这是非常大的误读，因为我们忽略了一个基本事实，就是美国总统，国家政要一周的政务也不会比休闲的时间多多少，何况国际社会、社交界大有休闲化的趋势。这也许是上层社会、政治家拉近与民众的距离，获取更多支持率的"亲民秀"，但无论如何这种看似不经意的公众形象，比起西服革履来舒服多了（图2-1）。而在媒体中大多数对主流社会公众人物披露的时间和空间不像休闲装那样占据的时间更多，空间更大，更容易被捕捉。这是因为，这种情形常处在私密状态。从这个意义上讲，休闲状态下的着装风貌才是上层社会剥去伪装的真实状态，因此，户外服在绅士服装中足可以占据半壁江山（图2-2）。因为，人们总希望舒服的生活或社交，绅士也不例外。这就是为什么男装的历史就是一部功能史的原因。

图 2-1　公众环境与私人环境下的着装差异

案例			
级别	正式	半正式	休闲
时间	工作日	休闲星期五	周末私人空间

图 2-2　休闲时段已占据半壁江山

一、户外服从"无约束的约束"到"无为而治"

研究户外服的一个重要意义是它会让我们深刻地认识当今服装的文化价值和品位从何而来，这就是户外服历来是推动男装历史的始作俑者，进而影响到整个主流时尚文化的功能。庞大的户外服体系好似服装这座金字塔的最基础的根基，也是那些高端服装走向金字塔顶端的最有利推手。今天的绅士服，几乎无一例外的都源于古代的征战军服、运动服、散步服等。燕尾服是 1789 年法国大革命拿破仑戎马一生的经典装束；晨礼服是 19 世纪绅士们出行狩猎必的乘马服；塔士多是 1886 年美国贵族格林兹利用吸烟服，在当时只是在正式晚间社交场合不可以登大雅之堂的替换服，创造了轰动当时上层社会的奇装异服；西服套装在历史中不过是散步服；布雷泽的出身更卑微，它是水手服。今天它们不仅没有退出历史舞台，而一个比一个声名显赫，成了绅士们高雅、睿智、考究、品位的符号（图2-3）。可见其实没有哪款服装从诞生下来就是具有高贵血统的，任何服装的最初目的都是为适应现实的生活劳动，在此后由于历史进程当中的某些外因甚至是机缘巧合，才使得一些户外服脱颖而出走向了它的"高贵之路"（图2-4）。

左上：19世纪末被主流社交定型的正式晚礼服——塔士多和燕尾服
右上：燕尾服前身是拿破仑时代军服
右下：塔士多的前身是不可登大雅之堂的吸烟服

图2-3 燕尾服与塔士多礼服的出身

这种服装语言变化的历史剧还会演下去，其实现实早已经揭示给了我们，只是现代信息技术搞得我们越发的愚钝不堪。例如像IBM这样的跨国公司，都放松了办公室必穿西服套装（Suit）的禁令，可以穿夹克西装（Jacket），我国习惯称休闲西装，这意味着西服套装已经升格为可以取代塔士多礼服（正式晚礼服）和董事套装（正式日间礼服）的全天候正式礼服，我们从一年一度的奥斯卡晚会上看到男装不再是晚礼服的大比拼了，西服套装也大行其道（图2-5）。

图2-5 奥斯卡晚会不再是塔士多的天下，西服套装也大行其道

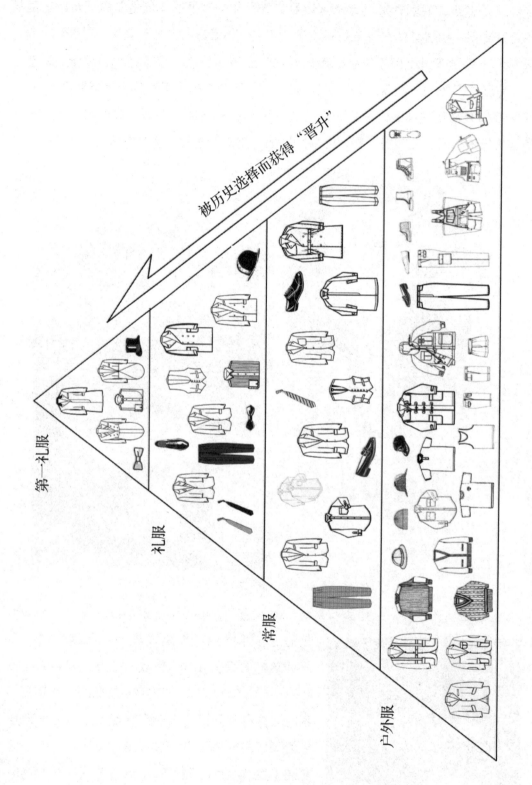

被历史选择而获得"晋升"

第一礼服

礼服

常服

户外服

图 2-4 户外服处于服装金字塔的基石地位且具有广泛的上升空间

图 2-6 单件西装不再
是公务禁服

水涨船高，夹克西装也就可以名正言顺地晋升为公务（商务及外交）准西装行列，因为单件西装（不成套穿着的西装通常是夹克西装的搭配惯例，领带也可扎可不扎）不再是重大社交的禁服（图 2-6）。无独有偶，国际社会像亚太经合组织非正式首脑会议（APEC）式的"非正式"国际组织像雨后春笋般地出现，所带来的就是国际主流社会休闲化趋势的一场服装革命。然而这场革命并不是颠覆性的，而是有序的、理性的、有规则的，且明确其承载历史的信息，这恐怕是和时装界的"革命"根本不同之处。在表达方式上它也只不过是从后台（私密状态）走向了前台。

我们从亚太经合组织非正式首脑会议章程有关服装规定的解读，会发现服装类型发生着怎样的角色转化。章程主要约定中有一条：首脑与会期间不系领带。"不系领带"对一般人来讲，大多数情况会判断失误，不过即使误读，按照国际惯例，一般组织者不会有强制行动，因为根据逻辑判断，这种非正式场合如果对庄重过度判断的话，只会使与会者穿得比规定来的正式，而不会寒酸，换句话说非正式场合穿得正式一点总不会出现失礼。这也是一个很有趣的悖论，对不怎么有规定性的服装（如 T 恤）作出规定。休闲装正是通过这样的理性和智慧被升格了，其实这其中还有很多操作规则的暗示。对于形象设计师来讲"不系领带"的规定既内含丰富又具有可操作性的选择空间，这确实是对形象师知识和经验的考验。

从男装国际惯例的系统来讲，从高到低（按国际着装规则礼仪级别划分）第一序列是公式化礼服与正式礼服，重大而具象征意义的仪式，如诺贝尔颁奖仪式必穿燕尾服；第二序列是常服；第三序列是户外服。根据惯例，不系领带装束的分界线是在第二序列的西服套装和布雷泽西装之间，在这个序列中细分，自上而下依次是西服套装、布雷泽西装和夹克西装。依据绅士的着装习惯，西服套装以上均视为正装，必须系领带或领结，布雷泽西装以下视为便装，领带可系可不系。这说明"不系领带"应该从布雷泽西装开始。可见，"不系领带"的规定在第二序列中选择后半部分更保险，根据这个逻辑，第三序列户外服的所有装束都是可以不系领带的，当然就纳入"不系领带"的选择范围（图 2-7）。其实如果更准确地判断"不系领带"的含意的话，它应该指第三个序列的装束范围，即户外服。因为，户外服在社交界是运动服、休闲服等户外运动服的总称，它们原本就不需要扎领带。我们看一下第一届在美国西雅图举行的亚太经合组织非正式首脑会议领导人上演的历史一幕，可以说是对当代户外服作了淋漓尽致的诠释。

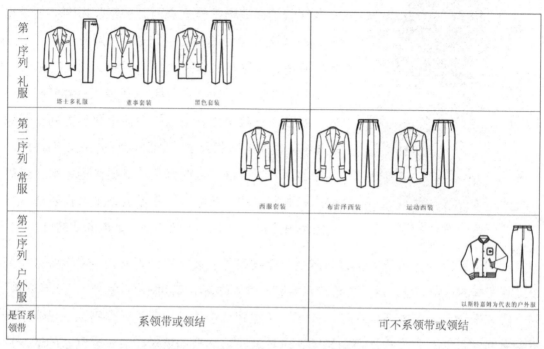

	系领带或领结	可不系领带或领结
第一序列 礼服	塔士多礼服　董事套装　黑色套装	
第二序列 常服		西服套装　布雷泽西装　运动西装
第三序列 户外服		以斯特嘉妮为代表的户外服
是否系领带	系领带或领结	可不系领带或领结

图 2-7　系领带分界社交惯例

　　当对人的行为完全没有约束力的服装做出某种规定的时候，这种行为本身就成为"无约束的约束"了，这很有点像我国老庄哲学"无为而治"的味道，户外服的魅力就在于此。如果按照习惯的解释，户外服就是休闲服的话，"休闲"和"约束"是相对立的，可以说无拘无束的服装总是以摆脱约束为目的的，这种给摆脱约束制定一个有效的方法，刚好证明了户外服比传统服装更难于驾驭。但相对而言，如果在"无束"的户外服领域操控得当，相比于礼服、常服等的定式搭配，就更能彰显出个性在经典着装者背后所反应出的高雅品位。

二、户外服的人文关怀让功用充满魅力

　　"无约束的约束"，它既是户外服的理性规则，又是美妙享受的体验，将功用摆到服装的第一要位上，在户外服领域内并不难理解。毕竟在户外生活中，服装的功用能够得以获得明确的展现。但在人们理解的"高端绅士服"，如礼服系列，西服系列，外套系列中，便容易造成大众的误读。认为很多的设计点是进行所谓的概念设计，当然这些看似无用的设计点在此时所发挥的更多的是其符号化的象征，但正因为这些文化符号的保留更表达了功用在服装中的重要作用。其实在经典的服装中，特别是男装，功用一直是第一准则，只是在礼服和常服之中那些退化的功用已经成为一种历史传承的文化符号被保留了下来，并在以后的设计中严格遵循，成为优雅的标志。而在休闲户外服中，当一些功用随着时代的变迁退化为无用时，便会毫不犹豫地进行减法设计，以遵循着户外服真实可靠的功利化经典套路。

意大利著名户外服设计师罗伯特·康斯托克说：对于户外运动的人来说，衣服最重要的是舒适、方便、结实等值得信赖的功能。没有实际功能的设计，哪怕一个按扣、套环，客气地说是累赘，不客气地说是有害。如果在危险或恶劣的自然环境中，不完备的细部设计，不当的面料选择，粗糙的加工等都会使户外服的功能大大降低，严重的会夺去人的生命。即便在普通的状态下，也会引起身体不适，精神不愉快，这对高度文明和发达社会的今天而言，却是对人类智慧的一种讽刺。我们最应该反思的是，今天的设计师在背离服装的基本精神上越走越远，因为现状是授业者不注重功能的存在，无度的浪费资源却以玩弄概念为己任，不客气地说我们在以人的生命、掠夺资源为赌注。因此，对功能主义的弘扬不仅是户外服所追求的境界，它应成为所有服装造型和产品开发要考虑和解决的基本问题，这是一个真正服装设计师的责任。

户外服设计并不仅仅是以登山、跳伞、漂流、球类等专项体育运动为目的，对于功能性的追求，与某项运动而设计的服装比较，大众化休闲服的功能并没有降低，难度在于它潜在的功能和细致长期的户外生活体验。因此，对它的任何一个细部设计和实施各个环节功能性的把握，既是实现优秀作品的基本手段又是它的性格。

那么户外服的功能如何设计出来？它不是从设计大师身上学来的，更不是从时装画报中堆出来的。设计的意图和方案、作品的材料、技术和风格、场景的主题和气氛等如何用功能结构表达的天衣无缝，最可靠的就是设计师在令人兴奋的户外探险中引发出来的，这些体验作为活生生的真实感受，才能获得令人愉悦的自然之美，但表达的方式却要实实在在。一个诗人他可能会陶醉下去，直至转化成优美的格律符号。一个设计师却一定要回到现实和理智上来，因为服装设计不是那种完全可以陶醉的职业，何况随时会发生身陷险情的环境中，生存是最重要的，有效地保护生命是唯一的头等大事。当然，一个完备的功能设计并不会一起发生，它一定是在某个时间、空间、事件中发现它们。或许在某一日、某个时候、某次外出中，当突然发现其设计念头存在的理由时，便大感惊奇，这既是设计者的愉悦，又是使用者的幸福。当服装的功能屡屡恩惠于使用者的时候，会深感到设计师的睿智和造诣的伟大，或许由感激而产生瞬间的崇拜。

其实户外服多数的功能都是潜在的，甚至我们始终没有发现它们的存在，但时刻在呵护着身体的一举一动，这并不意味着我们没有享受着它们，刚好相反，高级享受往往是处在自然而然的状态中。似乎人与服装之间达到了一种心照不宣的默契，这是一种充满人文关怀的美好感觉。我们从开始穿用到体验到发现，而不断地产生快感和喜悦，随之对它萌生发自内心的信赖、喜爱和崇敬，不知不觉中服装与身心融为了一体。随着时间的流逝，与服装变得像恋人一样的亲密。只有功能才会触发我们反复去体验和发现的愿望，只有美好的使用，才会有持久的喜爱而生发信赖和崇敬。这就是服装功能的魅力和永久生命力的所在。男装历史中，户外服的经典之作无一例外都是因为精良的功用设计而成为男装里程中的一座座丰碑，而它们在功能设计上的集大成者就是堑壕外套（图2-8）。

二战时代　　　　　　　　　　现代

图 2-8　跨越时代的堑壕外套

三、堑壕外套诠释着户外服的务实和信任

堑壕外套的任何一个细微元素都被视为优雅的文化符号，在一季季的时装发布会上上演，但它的原始功用几乎被忘得一干二净，这需要我们解开它每个细节的设计之谜。

（一）堑壕外套的文化符号最不能缺少"用"的特质

户外服的功能与一般服装相比，更接近的产品。但这种功能并不是为了表现而是为了使用而存在，这个目的很明确，它的一个口袋、一粒纽扣、一个襻都有存在的意义。然而久而久之它们会沉淀为一种类型服装的文化符号，换句话说，它们的存在是因为会使用它们，当它们升华为一种文化符号时，这种功用并不因此而消失，且现实的功用样式越接近它初始状态其文化价值就越高。举一个例子，带有帽子的上衣有很好的防寒防风功能，但不适合用在西装上，甚至也不适宜用在绝大多数外套上，用在短款的夹克上就很合适，因此一定目的户外服一定会有对应的局部功能，长期的实践它们便被筛选成一种经典元素，这些元素不仅仅是功用，而成为品位休闲的标签。在这个前提下，对一些经典作品功能判断要把握这样一个基本原则，即"可以不用但不能没有"，这几乎成为经典户外服造型的语言特征。

最具说服力的就是作为典型户外服的堑壕外套。这虽然是个极端的例子，正因如此才可能深刻地揭示出服装功能的人性本质和一代代绅士们衷情和珍藏它的原因。我们反对战争，但战争不可避免，战事的突发性和恶劣的环境是官兵们必须面对的，作为作战服就要最大可能地保护自己，方便携带装备和运动自如。堑壕外套从整体到局部、从面料到工艺，每一个细节都为此下了很大功夫，某些细节甚至渗透着仿生学原理。这些通过残酷战争洗礼的专门知识和技术，在战争之后被和平地利用，使当时的设计者巴宝莉公司（Burberry）（图2-9）万万没有料到，它那为了保全生命而机关入微的标志性设计，被战后的英国王室、贵族和精英们大书特书，时至今天热度仍没有减退迹象。因为它已经远远超出自身功能所固有的意义，而成为拥有者务实、智慧和信任的人格标志。这一点我们对两次世界大战中基本形成今天堑壕外套面貌的全部元素进行逐一剖析，才会对功能设计理念所产生的文化价值有更深刻的认识。

图 2-10　堑壕外套的经典风貌

巴宝莉最早的堑壕外套广告

战后确立的堑壕外套，其一贯的板型和工艺成为技术经典

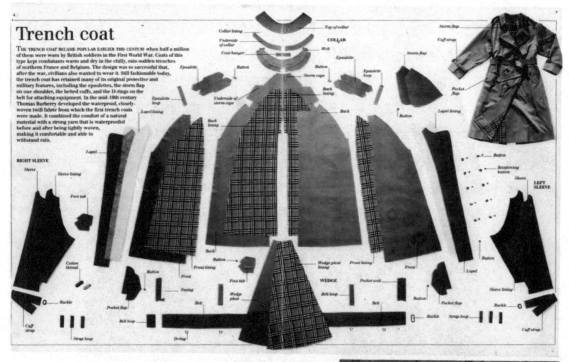

Trench coat

THE TRENCH COAT BECAME POPULAR EARLIER THIS CENTURY when half a million of them were worn by British soldiers in the First World War. Coats of this type kept combatants warm and dry in the chilly, rain-sodden trenches of northern France and Belgium. The design was so successful that, after the war, civilians also wanted to wear it. Still fashionable today, the trench coat has retained many of its original protective and military features, including the epaulettes, the storm flap on one shoulder, the belted cuffs, and the D-rings on the belt for attaching equipment. In the mid-19th century Thomas Burberry developed the waterproof, closely-woven twill fabric from which the first trench coats were made. It combined the comfort of a natural material with a strong yarn that is waterproofed before and after being tightly woven, making it comfortable and able to withstand rain.

现今堑壕外套为英国王室钦定的风衣外套而被上流社会推崇

图 2-9 堑壕外套从最早的军服最终走入皇室家族

（二）细节功用的精致和耐心成就了一个伟大作品

时至今日，堑壕外套创造的包括插肩袖、拿破仑领、防雨补丁、箱式开衩等一系列的经典元素，堪称户外服设计的范本，而这一切都跟战争有关（图2-10）。

1. 插肩袖

插肩袖为什么会成为堑壕外套永久的选择（也是后来户外服标志性元素），因为插肩袖所产生在肩部的流线造型总会比刻板的装袖造型表现出良好排除雨水的功效。其实它的功用远不在于此，插肩袖的结构走势刚好是手臂穿脱时的走向。据称在第一次世界大战时，一名英军官发现胳膊受伤的士兵穿脱当时普遍使用的装袖式军服很不方便，而触发了插肩袖的诞生。当然这还需要史学家的考证，不过有一点却是不争的事实，那就是插肩袖总比装袖来得方便，这恐怕就是为什么插肩袖成为户外服常规选择的根源（图2-11）。

2. 防风雨补丁

堑壕外套有两处独一无二的设计，那就是防风雨补丁。在右襟肩和胸之间有一个帽檐形的补丁，它是一种全功能的防风雨装置，是配合堑壕外套双搭门在领部合襟时（呈关门领状态），将左襟搭门上端插进补丁内侧，并与内侧纽扣扣紧，这时呈现右襟补丁与左襟形成左右复合型搭门以达到阻止任何方向风雨侵袭的目的。根据男装左襟搭右襟的习惯，这种功能就决定了补丁一定分布在与左襟对置的右襟方位上。今天看来它已经变成某种文化符号了，但判断它的真伪是要看它是否保持其原创时的状态（图2-11②）。

更绝妙的是后身肩背防雨补丁的设计。它运用了鸟羽毛防护的仿生学原理：肩背补丁面积很大，分布在肩腰之间，并与衣身分离为上下层，补丁末端边线形状采用中间低两边高的羽毛形，这时它的功能并没有充分显现，当士兵将腰带扎紧时，使补丁和下层衣服产生明显的间隙（鸟羽毛遇雨时会变得蓬松的道理），雨水被有效地挡在补丁以外，再加上插肩袖、补丁边线流线型的外观以及华达呢防水渗效果，使雨水停留更短。然而今天雨具变得更加有效、专一且方便，堑壕服的补丁几乎成了一种象征却初衷未改（图2-11③）。

3. 领型（拿破仑领）

堑壕外套的领型一定会采用拿破仑领。它的结构仍保持原创时状态，是采用独立的领座和大翻领复合而成，以最大可能地保护颈部和脸颊而设计的，当需要时将大翻领竖起来保护脸部，领座前端设有钩扣是为更有效地达到防护颈部。拿破仑领还会采

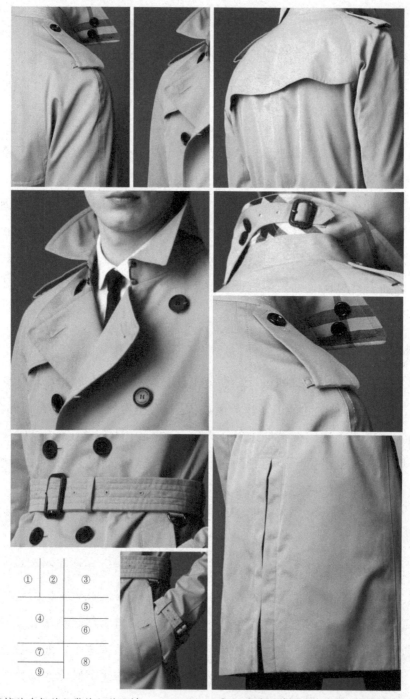

① 堑壕外套机关入微的细节设计
② 右胸防风雨补丁
③ 背部防雨补丁
④ 可开关使用的拿破仑领
⑤ 前风挡"可用可隐"的机关设计

⑥ 固定武装带的可拆卸肩章机关设计
⑦ 可以携带军用水壶的 D 形环腰带
⑧ 易防风沙易便运动的风琴开衩
⑨ 封纽式口袋与可拆卸袖带

图 2-11 堑壕外套全系图

用附加设计，这是在原创性上有所发展的地方，一是在领面前端（左领端）设连接襻和纽扣（右领端），必要时领面竖起来并在前端由领襻连接成整体，不用时将领襻翻到领子背面用纽扣固定，领子翻折下来时领襻便被隐藏起来。领座对功能的附加设计更是有过之而无不及。当领子竖起用领襻连接时，领座前端是用钩扣对接的，这多少会有缝隙，这在战事残酷和恶劣的环境中会造成潜在但可能是大规模的人员伤害。设计师并没有放弃这个细节，采用了可拆装结构的护颈挡。护颈挡形状设计成两头小、中间宽类似中国古代侠客用的飞镖。使用时将领子竖起，护颈挡最宽部位放在颈部中间，两端小头分置在领座两边并用纽扣固定，不用时将护颈挡一端纽扣解开，移到领座后边用备扣固定，再将领面翻折下来，护颈挡被完全隐藏起来，使拿破仑领又回到初始的外观（图2-11④、⑤）。这已不是功能本身可以诠释的了，我们常常被机械美、工艺美、机能美之类的现代实用美学概念所困惑。当我们真正获得这种感受的时候，反思这个过程时发现我们并不是为了寻找它如何美，而是在体验"用"的实效中，当这种功效发挥到极致的时候，我们会由衷地感到慰藉，这时人们会把"功用"忘得一干二净，剩下的只有享受，可你并没有真正地使用它，这才是应用之美的真实感受。

4. 可拆装的部件设计

我们再看看堑壕外套细微的设计，会一步步得到从使用、信赖到喜爱、敬畏的感觉体验。

堑壕外套所有小部件设计几乎都采用可拆装式结构，这是为什么？先看看肩襻，它的功能是在整装行军时，固定斜挎武装带，就是在大强度行军时也不会脱落，它的结构是双层可拆装式，呈上层宽下层窄的连通形式，可以对多种功能的武装带进行分置固定。肩襻两头都设扣眼，装上去时，窄的一头先穿入肩头设置的串带，拉向靠近颈部的纽扣扣紧，挎好武装带，再将宽的上层折叠使用同一个纽扣扣紧上层，这样使武装带被固定，装备多时也可以分层固定（图2-11⑥）。袖带、腰带也是可以拆装并能调节松紧。袖带扎紧时可以保暖、防风雨侵入，当放松时可以散热、卷升袖口。腰带除了可以调节、拆装以外，还有特殊的附加设计，就是腰带两前侧腰位置各设一个D形环以备挂水壶之用。其实它们还有一个潜在的功用，这就很好地回答开始提出的问题了，为什么带、襻这些小配件都采用可拆装设计？即在危急时刻把能够拆下来的部件再连接起来就成绳索，这时D形环会起到关键作用（图2-11⑦）。

5. 后开衩

特别值得一提的是，堑壕外套后开衩采用了独具匠心的风琴衩设计（亦称箱式开衩），而且很长，从下摆直至腰部，这在外套中也是独一无二的，这是为什么？我们知道风琴是可以拉长和回缩的，但它会永远保持封闭状态，风琴衩就借用了这个原理，为腿部运动提供必要空间的同时又是封闭的，这样就可以起到防风沙、防腿寒的功效，在小运动量或一般状态下，风琴衩的中段还设了一个固褶襻，使其非大运动量身体降温时防御功能更有效。这些细节的关注在堑壕外套中无一缺失。前门襟最后一个纽扣到下摆之间也设有一个固摆的暗扣襻，这和风琴衩的固褶襻功能相同（图2-11⑧）。

6. 口袋

我们再看看堑壕外套的口袋设计（图2-11⑨），它是加装袋盖的斜插袋，袋盖中间设有纽扣，这些一一都有对应的功能。斜插袋方便使用；加装袋盖有防雨的考虑；袋盖中间设扣使斜插袋容易掉出东西的可能性不复存在，特别在急行军时更加有效。而当今因堑壕外套的战事地位让位于社交绅士们，再穿着它去防雨的情况恐怕不会再出现了，所以在一些现代设计中简化掉了袋盖。但在复古和经典的款式当中依然会选择其原始的标准配置，因为它们已经成为信任和务实精神的标签，正因如此也成就了户外服具有标志性的伟大作品。

（三）"战争的味道"

一款源于战争、应用于战争的服装，也必将随着战争的变化而发生着改变。同样也会因战争的结束而稳定下来。堑壕外套就是这样一款经典的设计，它在战争前、战争中和战争后都有着不一样的风貌，而相同的是它们都带有浓烈的战争味道，特别是第二次世界大战，堑壕外套受到两大阵营双方共同的青睐（图2-12）。

图2-12 渗透20世纪战争味道的堑壕外套

　　三款堑壕外套所产生的年代分别是 20 世纪 30 年代、40 年代、50 年代。我们能明显体会到战争对堑壕外套形制的影响。30 年代的堑壕外套还基本保持着第一次世界大战时的风貌，而到第二次世界大战开始后，各种适应战争的元素相继加入，使得形制转向复杂和实用。而当战争结束，除了标准款堑壕被定型外，与巴尔玛肯形制相似的简化版堑壕外套受到了欢迎。可见堑壕外套的踏实和信任来源于它对功用精致而耐心的经营，至少可以断定，这种设计理念的来源绝不是我们现在总提及的以"灵感论"或"民族元素论"的这些空泛词眼作为出发点，而是脚踏实地地面对当时战争的生死实践的伟大成果。到如今它以成为当代标志性绅士服被以英国为首的皇室、各国政要、商界精英和主流演艺界的喜爱，当今的堑壕外套已作为绅士的准外套出现在各种社交场合，可见一类服装样式能否实现自身的贵族身份，决定权不在于它的"出身"更不在所谓自身的"美丑"，而完全取决于它身上所携带的永恒特质（"用"的真实性）的文化信息传承和历史对它的选择。

　　如今的堑壕外套在国际着装规则（ THE DRESS CODE ）中给予了既有户外服（ 便装 ）又有礼服外套的定位，这种性格也决定了在搭配上有更大的空间，它可以搭配常服类的所有套装，甚至可以搭配黑色套装、塔士多这类正式礼服。但无法想象的是在 19 世纪末期，它不过是用粗糙的油布或胶布做面料，在英国街头为普通市民甚至是露宿人遮风挡雨的雨衣而已。若不是巴宝莉创造了华达呢防水面料，若不是 19 世纪与 20 世纪间的多次战争，特别是两次世界大战，恐怕堑壕外套还不能成为现在的样貌，也不会获得今天的地位。但这一切就是历史的选择，历史选择了堑壕外套，才让它承载了历久弥新的文化信息，并在历史进程中成为永恒（图 2-13 ）。

　　历史不可假设，但我们愿意去畅想，如若没有巴宝莉的创新面料，没有那么多次战争给予施展舞台的历练，我们就不会看到现在的堑壕外套。但我们有理由相信，历史的机缘巧合一定会给予另外某种外套发展的机会，使其沿着类似堑壕外套的发展之路走入我们的视野，成为永恒而活跃在当今的时尚生活中。重要的是堑壕外套把握住了自己的命运，奠定了它在户外服中的重要地位，并一升再升，向金字塔尖靠近。没有哪种绅士服是直接"空降"到服装礼仪级别金字塔的顶端的，这些所谓的高级别服装都曾是户外服的一分子，孕育在户外服这一广大坚实

　　的服装大家族的基石当中，只是历史选择了他们，给予了他们机会，让其脱颖而出，成为各种服装的新贵。这也是户外服带给整个服装系统最大的魅力。

　　我们几乎不能想象，堑壕外套中叹为观止的一切却都发生在 100 多年前，最大的讽刺是，在设计师无处不在、设计大师辈出的今天也没有缔造出超越、或是与堑壕外

左上：处于雨衣形制的巴宝莉堑壕外套
左下：堑壕外套通过两次世界大战的洗礼开始了绅士外套辉煌
右上：世纪初的堑壕外套称为新军装
右下：第一次世界大战中身着堑壕外套的普通士兵

图 2-13　战争洗礼和历史进程让堑壕外套成为永恒

套可以平起平坐的伟大作品，无怪乎全球性时尚的怀旧浪潮挥之不去，而且越是离当今越近，这种涌动的心潮就越强烈，甚至对今天的优雅和品位丧失了基本的信任和信心，套用美国社会学家保罗·福塞尔在《格调》中所说：如何判断一位准绅士，是看他有没有"战争的味道"。美国和同居亚洲的日本与韩国户外服的崛起，着实给那些悠久文明古国的人们上了一课，而他们在乎的就是欧洲英国、法国、意大利这些文明古国的过去，他们迎得的却是今天和未来。

第三章

引领休闲时尚的
两种户外服文化

　　一种服装的兴衰并不是由几个人的审美好恶决定的，就像20世纪40年代末的迪奥（Dior）一样，为愈合战争对美的创伤而推出了新外观（New Look）系列设计，在一段时间内博得了大众，特别是女性的眼球，使之一时间名声大噪。但其反历史潮流的紧身胸衣加上大裙撑的设计，本质上重复着19世纪贵族宫廷服装的遗风而招致了评论的批评，更重要的是与当时战后百废待兴的社会气氛格格不入，因为它以牺牲运动舒适性为代价，片面追求廓形的外观设计，违背了战后女性走入社会和推动女装现代化的时尚趋势。新外观可以成就迪奥，但时代却无法给予新外观生存的空间。这也使得紧身胸衣加裙撑的组合彻底走入了历史，或只可以在高级定制店中附庸风雅（图3-1）。

　　从服装史中可以看出，能够左右一种服装样式发展的，最根本的是生存环境。当然在复杂的生存环境中，有政治、文化、生产、生活方式等社会环境的影响，也有地理、气候等自然环境的影响。像牛仔裤、休闲夹克、马球衫之类的户外服产业之所以受到众人的喜欢，蓬勃发展，就是因为它顺应了时代和社会的发展，拥有了适合自身生存的土壤，进而成为当今服装界朝阳产业的一面旗帜。

图 3-1 迪奥的"新外观"虽一度风行 但最终未能流行

一、户外服的两种出身

现今的户外服基本都来自于运动服和劳动服的演变，这两类服装的发展都与社会的变革有着紧密的联系。

自古以来，贵族一直是户外服的引导者，这与英国贵族传统文化崇尚狩猎、马球、高尔夫等高雅的户外运动有关，因此，英国贵族也一直引领着世界的着装风尚。他们的休闲运动生活所衍生出的大量适合户外的运动服装，成为了现今众多户外服的鼻祖。随着社会的发展，民主政治成为世界的主流价值，但在文化上人们还是希望保留君主政体。不过王权逐渐走下了权利神坛，王室与贵族变身成为了民众的精神领袖，为了维系这种古老的文化，王室贵族便更希望贴近民众，拉近百姓与贵族之间距离。在政治权利上他们虽早已失势，但在优雅的品位上却无人撼动，使得百姓对贵族的生活状态更加向往。这种社会变革所造成的贵族与百姓之间无形的互动，让贵族的服装摆脱过去的高贵，变得亲民实用。让百姓的服装接受贵族的熏陶，并推广壮大，使运动服装成为户外服来源的主体，形成自上而下的影响，也把高雅的运动精神和服装风尚传播给了大众（图3-2）。

图 3-2　服装看上去很平民化但也充满了英式贵族的秘符

相对于贵族的休闲运动服装，普通人所能更多接触到的劳动服装成为户外服来源的另一大类，形成自下而上的流行影响。劳动服装的最基础属性是产生于劳动者且有保护的工作服。像工装裤、防寒服等都是以此为理念设计产生的。平民服饰不同于贵族，它并不看重文化的传承和积淀，但实用和价廉是最重要的，所以当科学技术有了新的发展可以应用到服装时，只要是为了提高服装的实用以及可以大规模生产时都会坚持采用，美国便是这种大众户外服时尚的推手。而随着社会发展与科技的进步，适应劳动的服装转向了两种运动，即探险和旅行。探险为特种运动或高危运动，因其专业性强，易受伤害的特性，服装已向特种服装发展。旅行为大众化的生活方式，劳动强度与危险性相对降低，服装也越来越走休闲化的道路，由此进一步的补充和丰富着户外服品种，并形成了与贵族休闲运动装发展而来的户外服截然不同的风格取向（图3-3）。

图 3-3　自家农场穿着劳动户外服的美国劳动者

二、并行的两大户外服风尚

户外服的目的就是最大限度地提升休闲生活的质量，这使得人们很快接受了它。首先，休闲装总是把功用提高到首要位置，以满足人们日益增长的休闲时间和空间；其次，人们享受户外服的精神，就是不要试图摆脱功用的传承性，因为休闲装是以功能主义、务实精神作为历史文脉而成为新古典主义的，服装历史中里程碑式的作品都是如此，如白兰度夹克、501牛仔裤、马球衫等；最后，休闲服唯有符合理性的时代生活方式而存在，因此，不追求时尚，追求实用便成为它最大的时尚。探究这种时尚的根源，必须搞懂户外服的两种文化现象，这就是"厚重"和"轻薄"（图3-4）。

重的关键词
复合化、传统技术、传统工艺、天然材料、单一功能、慢生活、英国文化

轻的关键词
一体化、现代技术、现代工艺、人造材料、多重功能、快生活、美国文化

图3-4 户外服轻重文化的直观区别

（一）英国"重文化"与美国"轻文化"的户外服格局

1. 户外服的英国"重文化"

在以英国为中心的欧洲，其户外服明显表现出一种"重文化"。这首先取决于欧洲长久的历史积淀所形成的以贵族慢生活为主导的社会风尚。促进大众向往一种缓慢而又守旧的生活节奏，对快生活和新科技并没有特别的偏好，由两个元件构成的子母扣、繁重多层的内胆、单独佩戴的棉帽和围巾、复杂的保养工序，这都成为欧洲高端户外服所追求的时尚。其次，欧洲寒冷潮湿的气候，让服装在面料上更加倾向于使用厚实的天然纤维和动物皮毛面料，这些都增加了欧洲户外服的厚重感。

户外服在英伦三岛其实是个很古老的词，它跟古代英国贵族经常野外登山、狩猎、采集、渔猎等探险的生活方式有着密切的关系。因此，某种目的性的装置决定了它具有极强的功能性。防寒的功用目的使面料的选择偏向厚重，即使在夏季，天然织物比人造织物更有分量，更舒适，也更有品位。这就是社交界"厚重品质"的说法，这显然是和室内服装或人造织物可以加工得更精致、细薄相对应的。如用粗呢做的诺富克、猎装夹克、水手外套、达夫尔外套等，这可以说是前户外服时代的英国户外服概念。因此，说起厚重感的户外服，至少要有这样几个指标，即使用粗犷的天然织物、有历史感的英国款式、从不拒绝传统工艺，这几乎成为户外服品质的要素。今天这类服装已经进入了经典户外服的行列（图3-5）。

图3-5 英国风格是绅士户外服的典范

2. 户外服的美国"轻文化"

在以美国为中心的美洲，户外服相反地呈现出一种"轻文化"特质。这与美国的移民文化和科技发达密不可分。进入到美国的淘金者渴望一切从简、迅速地发家致富，慢节奏的生活会被这个社会淘汰。简单、轻便、一体化成为美国服饰的设计风尚。大量使用拉链、尼龙贴、不设内胆增加了充绒技术、一体化的风挡取代英国的围巾、连体帽子取代单独穿戴的棉帽，轻薄而结实耐用的面料取代了厚重的天然织物，这些都是美国户外服的标志。再加上美国发达的科技水平，在面料和功用设计上多采用新型的高科技产品，更加增强了美式户外服的轻盈感，使户外服大众化得到了前所未有的推动，体验式的探险旅行便大行其道，与高雅传统的户外运动形成分庭抗礼之势（图3-6）。

其实当代户外服的时代早在20世纪三四十年代就开始了，尤其是在第二次世界大战结束之后。欧洲工业化的成功，交通工具的进步，使大众化的体育运动、社会化的旅游生活方式提早到来。在服装业中，材料科学在化纤工业中以前所未有的速度填充着人们大大小小的生活空间。从棉毛时代进入了尼龙时代，代表性的服装就是用尼龙面料制造的羽绒服，由于尼龙可达到的纱线密度和轻盈效果是棉纱不能企及的，而很

图 3-6　蒸蒸日上的体验式探险旅行让美国风格的户外服大行其道

好地解决了透绒现象，且轻爽保暖。工艺技术从织造时代进入了后整理时代，水洗、砂洗技术以及织造工艺的深化，使得水洗、砂洗布取代了织造布，感观上从刻板、僵化变得随意活跃。

引领这个休闲装时尚革命的领导者非美国莫属。换句话说，当今户外服已经从厚重时代进入了轻薄时代，从英国风格进入了美国风格。其实，现代绅士们试图在"厚重"和"轻薄"之间找到妥协，当它们之间不可调和的时候，宁可选择前者。因为"厚重"总会提升你的社会地位和形象，可见户外服生活"崇英"的情结。什么时候绅士们不再需要传统了，它便寿终正寝，但这一天恐怕不会到来，何况它本身还在进化，人们也很快对浮躁和快生活产生厌倦，户外服还是在这种从形而下到形而上的博弈中得到升华。

（二）轻与重之间的博弈

经历了将近200年的英国绅士户外运动文化，打造了一个"重文化"特质的户外服帝国。几乎没有历史的体验式户外服生活方式是美国人创造的，快捷、轻便、舒适耐用的户外服让全世界接受了"轻文化"的理念。从国际着装规则（THE DRESS CODE）看，英式户外服不会走入末路，但必须承认，美国风格的轻文化已经统领了户外服大部分领域，这并不难理解。在大众审美上，饱满厚重的造型一直是英国所崇尚的，但那些反感古板守旧的年轻人似乎更加欣赏松垮自由的美国风尚。在日益平民化时尚潮流甚嚣尘上的今天，轻便简单的美国户外服比厚重繁琐的英国户外服，更加符合现在社会快速简约的生活节奏。

难道经典的"英国精粹"真的会被新兴的"美国惊艳"逼得穷途末路了？其实不然，可以举个例子。嗜饮现磨咖啡从 17 世纪开始流行于欧洲大陆，一直经久不衰。直到 20 世纪 30 年代，自动化机器的成熟所创造的速溶咖啡诞生了，使得现磨咖啡受到了很大的挑战。当时也有很多说法认为方便的速溶咖啡会取代繁琐的现磨咖啡，可直到今日，两种咖啡依旧在相互并行。但它们所拥有的却是不同市场，且现磨咖啡的高贵地位从未被撼动（图 3-7、图 3-8），可见经典文化所产生的巨大引导力量，无独有偶，在户外服领域中，我们也看到了相同的情景。

图 3-7 经典的现磨咖啡
和速溶咖啡并存

图 3-8 采用经典现磨技术
的美国咖啡品牌

英国风尚之所以高端，就是因其贵族血统所产生的强大生命力。我们看到美国风格的服装样式，虽然影响范围很广但不够深远（穷极某种美国风格，最后都会从英国文化中找到根源），因为文化根基薄弱，新的科学技术的产生或新的流行趋势的出现就很有可能改变它的样子，甚至是颠覆和毁灭它。而英国风格的服装，都是经历了那些挑剔的王室贵族层层筛选与修改而最后形成的经典款式，因为这是最值得信赖和可靠的。人们对贵族高雅的渴望所形成的"崇英"意识，使英国户外服成为标杆而高高在上，自上而下地引导着户外服整体前进的方向。而现在受其影响，美国也开始找回了自己的"重"文化。

美国的"轻文化"有它历史的原因，数百年前的美洲新大陆亟待开发，拓荒者们把极大的热情投入到了新家园的建设上。运动与休闲的生活方式明显不符合当时的社会背景。一件多用、牢固方便、便于打理、适应劳作的服装才是第一选择。但建设总不会是永远的，建设好了自然就要开始去享受生活。第二次世界大战结束后美国成了新的世界中心，经过冷战到20世纪80年代，苏联的衰落让美国成为世界唯一超级大国。放下手中的工具，逐步懂得享受自己生活的美

图3-9 布鲁克斯兄弟崇英风尚成为美国百年绅士品牌

国人开始意识到，享受生活，体验贵族的户外运动，我们就需要向英国文化去回归。这就让常青藤（Preppy Style）在20世纪80年代极为盛行，它象征着接受过高等教育、拥有传统审美、懂得生活品位、保持低调、却又追求顶级品质，总之这一切都需以英国贵族作为标准。它的核心就是校园的高雅运动，它们的代表就是著名的美国常青藤名校的服装文化。这种文化致使像布鲁克斯兄弟（Brooks brother）的绅士品牌大热（图3-9）。

常青藤风格所形成的服装样式其实就是看是否包含着地道英国风尚。运动西装，经典的艾格尔格子毛背心，Polo衫等最经典的常青藤运动休闲服在当红美剧中大行其道，但没有人会认为它是纯正英国贵族文化的翻版（图3-10）。我们可以发现在美国，时尚界的常青藤风格与之前所讲餐饮界的星巴克现象，都体现了美国文化对经典的向往与回归，而这一切绝不只是巧合，各种现象都说明高端经典的文化在一个领域内的巨大指导作用和牵引力量。值得思考的是，美国把曾经很强大的前辈遗产传承后，使自己也变得强大了，之后也像他的祖辈一样推销他们的理念，让人欣慰的是他在延续高雅文化，让人惊喜的是美国的"轻文化"就在其中。

图3-10 当红美剧《绯闻女友》中的常青藤校园风格

（三）轻与重之间的永恒

　　纵然户外服英美两大截然不同的设计风格，但归其目标都同出于户外服功能至上的理念，这一永恒不变的主题也让这两大风格有了相同理念的设计平台。也使得主流户外生活形成了英国风与美国风既相对独立又相互统一的基本格局。

　　两种风格的户外服在造型上特别值得一提的夹克（Jacket），最能很好地认识轻与重功能上的作用并且协调良好。夹克无论是在英国风格还是美国风格的户外服领域，都占有相当重要的地位。当然，这里不是指西装夹克（休闲西装）的个案，而是泛指短上衣的运动夹克。

　　短，作为户外服的重要意义就是使腿部运动减少不必要的阻碍（图 3-11）。这是社会发展的选择，交通工具逐渐由骑马换成驾驶乘车，从原来小众（贵族）却占有无限开放式的且相对独立的空间，变成了大众却占有有限封闭式的公共空间，短型衣摆的服装会更方便和节省空间。夹克成为户外服主体也是历史进程的选择，在第二次世界大战中，英国在欧洲处于孤立无援的最困难的 1941 年，国内开始实行了国民生活物资定额配给制度，布匹的限制，导致华贵的服装消失了，就连劳动备战所穿的工装生产也受到了限制，过长的款式全部被整体截短，并在廓形上多采用结构简单的箱型外观，在标准配置中，夹克和衬衫的口袋最多有两个，只准贴袋，禁止挖袋（这样工艺简单且省料）。任何多余的装饰都是不允许的，最大限度的节约原料、设计和生产的成本。在战事影响下，大号贴袋简约廓形的户外短夹克开始流行开来。相反的是战争时期所诞生出的军服款式，为保证战争环境和军务所需，短款和长款并存，并配以繁复巧妙的功能设计，堑壕外套就是这个时期的杰作。可见

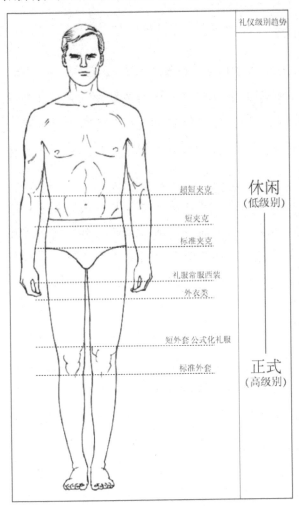

礼仪级别趋势

超短夹克
短夹克
标准夹克

休闲
（低级别）

礼服常服西装
外衣类

短外套 公式化礼服
标准外套

正式
（高级别）

图 3-11　短款是户外服设计的固定模式

无论长短都以获得战争胜利保全战斗力为目的，在前线与后方这两端，形成了两种相反的服装风尚，但"轻"已经为未来户外服的趋势作了伏笔。

因此，无论是英国风还是美国风，户外服厚重的面料逐渐被轻薄所取代，短款造型被确定为户外服主体造型之初到今天就从未改变过。可见，夹克的泛称就是指户外服，因为"短"是它们的共同特质而成为永久造型，无论是厚重还是轻薄。与此相反，"短"却是礼服中的大忌，因为"长"是华贵富有的象征，尽管活动不太方便，但正式仪式的场合也不需要方便。这就决定了礼服造型总会牺牲"短"的实用性，去满足"长久"的精神享受，这也是为何外套被称为"绅士最后的守望者"。按此逻辑，长摆也是户外服不看好的造型，即便是休闲外套也会用短款形式。因此，户外服无论是厚重还是轻薄，长摆还是短摆等构成的一切元素，决定它们命运的就是功用，这并不影响我们探讨他们的文化命题。恰恰相反，这正是户外服文化的精神。

（四）户外服轻重理论的内在机制

对户外服轻与重的文化理解，就认为是英美两个地域的服装风格，这是很大的误解。英美不过是两种文化的代表而已，面对全球户外服领域如此繁杂的局面，单单通过两个国家而划定出户外服理论有以点带面之嫌，所以说美国轻文化与英国重文化只是世界户外服格局的代言而已。当然它们发达的户外服文化为划定轻重文化的核心本质奠定了基础，并建立了轻重转换机制。

如果通过历史观点，就可以很容易地看出并非"英全重、美全轻"这一事实。因为美国自建国至今也就200余年，200年对于一种形制稳定服装来讲足够积淀出厚重的文化了，何况英国绅士文化始终为他们的标杆。再看英国也并非完全不受现代科技的影响，短时间内在英国产生的快速的时尚文化或科技服装，并始终受着美国先进科技的影响，就是它们的轻文化。

重文化在历史中只要不被淘汰，就会永远厚重下去。但轻文化却不一定永远轻薄，原因还是历史（图3-12）。因为历史是不断向前发展的，只有尖端科技不断的日新月异，才可彰显出往日经典的珍贵。所以轻重文化也是一个相互对比和依存的理论，参照物是关键。比如诞生于工业文明时代的牛仔夹克是典型的美国文化，如果将其和农业文明时代就已经成型的英国诺福克夹克相比，诺福克夹克一定显得厚重。如果再将牛仔夹克与诞生于信息文明时代的羽绒夹克相比，那牛仔夹克就是美国户外服的重文化。因此，户外服的轻重文化在历史这个坐标系中，低地域就变得模糊不清了。重要的是我们如何弄清楚英国重文化和美国轻文化户外服的形态和生存哲学。

时　代	农业文明形成基础	工业文明形成基础	信息文明形成基础
典型服装	 诺福克夹克	 牛仔夹克	 羽绒夹克
前户外服文化	厚　重	轻　薄	
后户外服文化		厚　重	轻　薄
英国传统户外服文化			
美国传统户外服文化			

图 3-12　轻重文化在历史坐标系中边界变得模糊不清

三、英国风的坚守

英国风格的户外服是什么？它内含丰富但又很专一，它的历史是充满高贵和智慧运动的历史。在英国人看来，户外服一定是骑马、狩猎、射击、打高尔夫、打网球、垂钓之类贵族运动的标签。它虽是一种运动生活方式但古老优雅，与英国人有着千丝万缕的联系。因此，不解读英国户外服的密码，也就无法弄懂当代户外服的精神品格。

那么一个有格调的男人崇尚怎样的运动呢？自古以来对一个人社会地位的判断，你只需对他运动项目的爱好加以了解就清楚了。"当然，参加体育运动，甚至只对此感兴趣，也会提高等级。但不是所有的运动，而是某些经过精心选择的项目"（保罗·福塞尔）。判断高等级的基本准则是，项目是否产自英国，这意味着古老、高贵和高消费。按照美国社会学教授保罗·福塞尔的说法，"一项高级别的运动项目，就是一种要求大批量昂贵用具或者昂贵设施或二者兼备的运动。最理想的是，这项运动应该能够迅速消耗物品和各种服务。例如高尔夫球、马球等。"

户外服的历史感总是跟儒雅运动有关。即使是户外运动，你要选择有历史感的项目，你的装束要充满着这种历史掌故。一个中产阶级的男士为什么要培养对赛马运动的爱好，因为它是贵族的嗜好。"骑马，就像驾游艇一样，之所以是项有等级的运动，并不在于昂贵，而是因为它实在太古老"（保罗·福塞尔）。什么是高雅运动，看它是不是有古老的历史，是否在贵族间流行。对此还有些可靠的判断指标，这就是在形式上表现出动作优美还是粗鲁，如赛马比赛车更优雅；对抗性小的优于对抗性大的，像击剑与拳击；静的优于动的，如垂钓与登山（钓鱼可以修身养性）；体量上小的优于体量上大的，就球类而言，高尔夫球、网球就会高于足球、篮球和排球，因为后者不仅体量大，且对抗性强（图3-13）。

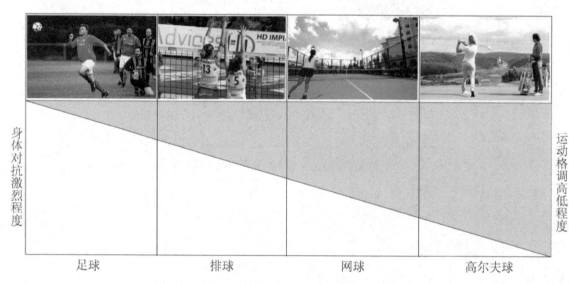

图 3-13　球类运动的优雅判断

即使一个小饰物也会影响休闲生活的格调。当然最好的方法是你要经常光顾上档次的男士户外商店，尽管没有消费计划也会受到感染。要消费时，即使购买一条领带、一副手套也要详细阅读一下约翰·T.莫罗伊的建议："这些领带，就像这些运动本身一样，能教会他判断此类运动项目的可取程度。"印有小鱼图案的领带或手套，一只网球拍，一艘帆船，一只高尔夫球和一根高尔夫球棒，一匹马或一支马球杆，一只鹿或一支猎枪，这些图案可能就是你的选择。这与其是为参加某项运动的选择，不如说是在高雅运动的生活方式，它几乎成为追求绅士名分的图腾（图3-14）。这些运动应运而生的经典户外服得以流传下来，也让这些高雅的文化在运动中得到心灵的熏陶。它经久不衰的原因是它们承载者深厚的历史信息并享受由此而生的精良的功能设计，我们鼓励更多的男人去尝试这些"过去时"的穿着文化，特别当我们从这些古典样式或符号中有所感悟的时候，毫无疑问，即便那些不参加体育项目的人也同样能够享受到古典运动的魅力。

图 3-14　细节体现出的绅士味道

不是每个人都能幸运地拥有自己的马匹，但是任何人都能在看台上观赏赛马、激烈而奢华的马球比赛和高贵优雅的马术表演，户外运动则是一种更健康更亲近自然的生活方式。但这不意味着一定要去狩猎，不论我们是否热衷于这种运动，提高动物保护意识是大势所趋，而不可能有更多的机会去狩猎，因此射击运动便成为真正的体育项目。不过那些猎手们常常说，没有比在隐藏处、在第一缕晨光中见到一头雄壮的公鹿更让人激动的了，这也大可不必变成一个极为狂热的狩猎迷去研究衣服上的每一个部分在最初是为了打猎的哪种用途而设计的。而这些几乎符号化了的元素却是我们要知道的，因为不能狩猎的强烈愿望变成了一种对田园生活的深情怀念和憧憬，正是那些原汁原味而古老的服装元素，才会勾起我们美好的退想。

事实上，一个有品位的休闲衣橱中，是不会忽视猎装元素的，甚至就选择那种原本就是猎装的户外服，像巴布尔夹克、诺福克夹克、洛登外套等都被视为绅士衣橱中不可或缺的（图 3-15）。今天风靡全球的斜纹棉布水洗裤（卡其裤）就是从诺福克灯笼裤演化而来。当今社会的每一个对品味休闲有所追求的人，不论是动物权利保护主义者，还是素食主义者，都不能忽视巴布尔、诺福克等这些经典猎装的存在，而他们恰恰不是因为去狩猎而穿，而转化成某种文化崇拜。这种古老的浓翠着英国户外文化的缩影，在今天这些装束的任何细节仍未丧失它们的实用而有价值，重要的是它

图 3-15　由左至右三位男士分别穿着诺福克、洛登和巴布尔猎装

在暗示拥有格调的人才会拥有它们，而成为高雅时尚追逐的密符。

对于多数人来说，马球运动是所有运动当中最具贵族气质的项目。因为它不只是需要支付得起购买昂贵马匹的费用，你在考虑参与这项奢侈贵族休闲运动所需的花费之前先要成为一个出色的骑手。这也许可以解释那些以马球为商标的品牌为什么能取得巨大成功的秘诀了。虽然我们不是选手，但当我们买下一件由美国设计师拉尔夫·劳伦（Ralph Lauren）出品的T恤时，一定会觉得自己也参与到这个高贵游戏当中去了。可见，"马球"与其说是商标不如说是品味生活的标签。这大概就是你拥有"Polo"，尽管它是象征性的，就等于拿到了进入这个阶层的入场券一样。这是一个纯粹的美国设计师在诠释着一个地道的英国文化（图3-16）。

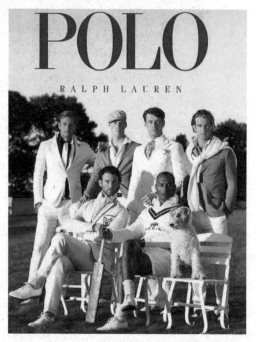

图 3-16 诠释英国风格的美国品牌拉尔夫·劳伦

四、美国风的务实

优雅品位的户外服概念是英国人创造的，它的特质是，并不能因为户外运动而降低绅士的优雅。因此，就建立起一整套必须保持一定重量感的户外服格局，因此那些厚重的苏格兰呢、埃及棉和古老的浸蜡工艺与赛马、狩猎、高尔夫等古老的运动联系在一起，说它是运动不如说是一种展现优雅，这种格局一定会被美国人所颠覆。因为"没有文化的美国文化"刚好顺应了务实的世界潮流。追随英国的那些绅士们也突然发现"死要面子活受罪"，实在不得以去享受美国人休闲生活。他们原本创造慢吞吞享受休闲的英国风，早被美国以功能至上理念所引领的体验式探险的休闲运动抛的远远的。

一提到户外服，人们总会把户外服文化的主流安到美国，这是跟超级发达的美国大众体育文化有关，它是世界上唯一的体育大国和强国，无论从体育大众化普及率，还是体育与休闲产业都无可匹敌地引领着世界潮流。在美国人看来体育无处不在，无所不能，体育在他们开始一天生活中所占的位置和工作劳动一样重要，时间一样多，它已成为美国人生活不可或缺的部分。更值得一提的是，对体育务实精神的崇尚，在美国人眼里体育最主要的功能就是强身健体，优雅不优雅并不重要。有这样的社会大背景，美国版户外服的功能至上已经取代了英国版传统户外服的象征地位和阶层的分野。另外美国强大的材料科学和科研实力一改传统户外服"厚重衣料"为"轻薄衣料"的主流风格。北美的狩猎户外装备巨头卡贝拉斯（Cabela's）（图3-17），美国东海岸帕库雷周边的希艾拉、斯诺斯、RE科普，还有斯科杭特等户外用品商店，户外服制品都充斥着高科技成果。作为防寒服，把传统的羽绒与化学棉结合的天衣无缝。在美国的户外用品商店里很难看到英国式的象征身份的巴布尔狩猎雨衣（用埃及棉和防雨动物油脂加工而成）。在希艾拉店里登山用风雪大衣也都采用60/40的棉涤混纺衣料制作，深受美国户外人士们的喜爱。

图3-17　成立于1961年的北美户外装备品牌卡贝拉斯（Cabela's）的体验场

　　户外服必须追求其能使体验着在严酷的野外生存中所具有的功能及实效性，其所有的元素都来自科技成果和理智的想象。从这一点出发，美国版户外服可以说在该领域都处在尖端地位，无论是防寒防雨用品，还是体育休闲用品，英国均处在落后地位，作为美国人绝不会像英国人那样以牺牲功用为代价来满足所谓的优雅品位，事实上美国也不存在这样的文化传统，因而就造就了这种"没有文化的美国文化"。在这一点上，有文化的英国人却没有了文化，因为英国人始终固守着"厚重衣料"的户外服传统，文化深厚的苏格兰呢、洛登呢、麦尔登呢总不能让轻飘飘的尼龙代替，尽管它很实用。然而，轻薄衣料的美国版户外服已经成为世界的主流，美国人在户外服领域创建"合理主义"精神引领着主流时尚，也在影响着包括英国保守主义在内的欧洲。因此，美国式合理主义取代英国式保守主义的新古典主义户外服风尚已成为无可阻挡的大趋势。

第四章

古朴田园的英式
文化

　　英国是最早的工业国家，伦敦像轰轰隆隆的大蒸汽机车成为19世纪全速领跑了世界工业化（实为欧美的工业化）整整100年。但这种现代化的环境并不是英国人民的心声，不富裕的平民迫于生活涌入到大城市，而稍有条件的中产阶级和富有贵族则选择离城市越远越好的乡下。始终贯穿英国人心中的乡村情感在此刻现代化到来之时更显得愈发的强烈。在崇英成为世界风尚的同时乡村情节也成为主流社交人们心中的向往。

一、田园情节——一种普世的社交取向

　　一般认为"乡下人"一词会被视为是一种歧视语，然而在英国人的心中却是美好的象征，为经典社交树起了一面旗帜，成为年轻绅士追求的一种境界，"崇英"就是崇拜"乡下人"，崇拜乡下人，就是步入朴素与自然的大彻大悟，这有些老庄的味道。英国著名记者杰里米－帕斯曼曾说："真正的英国人怎么生活？答案是，住在乡下，一杯接一杯喝茶。"英国人坚持认为他们不属于自己实际居住的城市，而是属于自己并不居住的乡村，他们仍然觉得真正的英国人是个"乡下人"（图4-1）。这就是英国人居家生活的概念，在他们意识中真正的家园是在那芳草地上的城堡庄园之中。可见英国人对田园自然与朴素生活的向往成为一种普世的社交取向。

图 4-1　庄园的生活环境映射出英国人内心对田园的向往

　　英国人生活的典型场景似乎都紧密围绕着"乡村"或"田园"二字。实际的例子有很多，比如英国军队在战时通信所用的明信片背景从来不是烟囱毗邻的伦敦街头，反而是宁静又浪漫的乡村；世界上最为奢华的手工轿车劳斯莱斯是英国皇家的专用座驾，但盛大典礼之时却要让位于庄园马车给女王乘坐；网球四大满贯赛事上，只有英国的温布尔顿公开赛是唯一在草地上进行的。在哲学和文学上数不清的英国作家在小说里不厌其烦地描绘过："绿草如茵的平原，枝繁叶茂的参天大树，蜿蜒流淌的清泉，古拙威严的城堡、雕像，时隐时现的丛林绿篱，用花草精心装饰的乡间小屋……阴霾的清晨，达西先生走出自己美丽的庄园，跨过起伏的山丘；在清晨的薄雾中走向伊丽莎白的家，对她说：我爱你！"这是英国小说家简·奥斯丁在《傲慢与偏见》里的故事情节。这一切实例都印证了英国人内心深处的梦想。

　　对于那些不得不住在城市里的英国人而言，"拥有自己的一小块世外桃源"也是他们人生的终极目标，所以他们固执地把城市也弄得极其"乡村"化，人们无不对英

图 4-2 以《乡村生活》为题
的英国绅士时尚杂志

国人"越修越旧"的本领赞不绝口。英国城市的大街上，随处可见保存完好但又不失历史气息的古老建筑，置身其中，恍若隔世。它们和路两旁独门独栋的别墅里的鲜花一起，带给人一种怀旧、田园的感觉。即便是伦敦，也几乎看不到高楼林立的现代建筑，几百年以前的古堡或教堂几度维修之后，仍能看到状态自然的风化层。路两旁独门独栋的别墅样式十分怀旧，门前花园里鲜花盛开，空气里飘散着泥土和植物的清香。这种城市的田园样式甚至成为世界经典城市的标本。而田园情结同样投注在英国人的服装上，并被主流时尚大书特书（图4-2）。

建筑作为城市的服装已被改造得尽可能贴近田园，相比之唯一可以塑造身体的服饰就更为直接和容易，所以即使有现代文明的强烈冲击，但贴近自然的着装也不会被英国人轻易放弃掉，恰恰相反，她始终未脱离主流时尚高位品尝的视线。大量的野生动物成为人们狩猎的乐园，沁蜡猎装便成为户外绅士的标准外衣；湾流的溪水成为自然渔场，钓鱼马甲就成为露浴贤达的工装。平整的草垫为游戏提供了场地，Polo 衫便成为贵族最贴近大众的运动服。泥泞的小路只能靠骑马通行，竞技夹克便成为体验田园生活的不列颠风物。这些服饰经典，作为英国田园文化的细软，在成为英国人心目中精粹的同时，也依靠着工业革命的硬实力，打造成世界"崇英"这个具有国际经典社交和主流时尚的风向标。而破解它们的谜一定要从沁蜡夹克开始。

二、质朴的高贵——沁蜡夹克巴布尔

由野外狩猎转化成射击的全套装备，是人类和动物共生时代的必然结果，事实上狩猎文化的传统成就了以英国为主导的世界休闲风尚，因此，不要误认为狩猎装备就是为了射击（或狩猎）而设计的，而是一种充满高雅的休闲品格，融入到英式文化当中。在英式户外服中可选择的款式搭配有很多，然而在服装大发展的当今，最受尊重的经典依旧未变。

在狩猎外套中最值得推崇的就是洛登外套和洛登斗篷（图4-3）。其实根据现代户外服实用标准，洛登标准外套的固有样式已经成为户外服的升级版，只是共同采用的洛登呢这种面料，它极好的防护性不仅能抵御强风和防水，还十分轻软。在裁剪上采用宽松式巴尔玛肯外套（源自英国雨衣外套）

洛登斗篷　　　　洛登外套

图4-3　洛登外套与斗篷

的造型，箱型结构保留了外套共性的特点，造型元素多采用巴尔玛肯风格，如插肩袖、暗门襟、巴尔玛领（可开关领）等。后背提供的自由活动空间的通体竖褶保持了洛登固有的趣味。洛登呢斗篷采用英国传统披风的伞状样式，它有更大的活动空间，可将后背上的旅行包也纳入服装的内部空间，形成全方位保护的罩衫雨衣外套。或许把它划入休闲外套更恰当，而户外服是以短打扮著称的。

狩猎上衣有多种选择，比如诺福克猎装夹克（Norfork）、巴布尔沁蜡夹克（Barbour）、赫斯基夹克（Husky）等。这三个经典猎装款式是随着不同时代的科学技术水平而产生的。最早的诺福克夹克和其演化出的猎装夹克家族依旧保持着原始的贵族味道。纽扣、开放式领和有腰身的结构，使诺福克夹克成为休闲西装的始祖，并随着单件西装的流行而晋升为可进可退的绅士制服。可以说它是现代职场西服与户外服两大领域之间的桥梁，而不能再算作是纯粹意义上的户外服了。离我们距离最近的赫斯基夹克，从其外观所见的工艺技术就能感受到它的现代之风，绗缝与充绒的使用使其充满了美国气质，可以将其视作现代轻文化的快时尚对英国厚重文化的慢时尚一种妥协或是融合，但它并未成为主流。

我们看到三种狩猎夹克在现代休闲观的作用下所给予的命运，诺福克夹克的晋升，赫斯基摩夹克又显历史尚浅，只有巴布尔沁蜡夹克最具现代户外服的品格而成为英国猎装夹克最具代表性的经典，并受到英国皇室的青睐而使休闲社交的地位倍升（图4-4）。这一现象很清楚地告诉我们，即便是户外服的绅士概念也会是一个英国服饰从历史、文化到实用的选择过程，也暗示着那些上流社会"崇英"的顽固性和放之四海皆准的社交价值观——纯正的英国血统（图4-5）。

诺福克夹克	巴布尔	赫斯基
成为可进可退的职场制服	一个休闲版绅士的文化符号	难以进入主流的"轻文化"

图 4-4 三款经典的猎装夹克

（一）纯正的英国血统

图 4-5 巴布尔具有最浓厚纯正的英国贵族血统

最能够恰如其分诠释绅士社交精神的就是巴布尔。它是最不需要投资的奢侈品；它最不缺少朴素，但充满着高贵；它拥有全天候的功能，但无任何多余的堆砌物。巴布尔可以说是一个休闲版绅士的文化符号，它出自一个古老的专营夹克的英国商行，它那传奇性的沁蜡面料、里料成为王室专授权夹克的制造商，这种情况持续了一个多世纪，由此确立了它纯正英国血统的身份，在主流时尚"崇英"又被视为社交界的潜规则，因为崇英意味着崇尚高雅文化和悠久历史，这已成为社交界一贯的传统，巴布尔成为这种经典休闲社交的标志物，都是因为它有纯正的英国血统。

1894 年，约翰·巴布尔创立了巴布尔公司，从该公司稀少的历史记载中，第一件巴布尔的产生是什么原因？什么时候？怎样制造？这一切都是个谜，且可以肯定的是巴布尔从未想过他的公司成立会成为服装史上值得纪念的事。或许他仅仅是为了更好地挡风防雨决定某天制作这种夹克，巴布尔就这样诞生了，并通过自己的巴布尔工厂发展成为现在的巴布尔王朝（图 4-6）。

图 4-6　走入巴布尔王朝

　　现存最古老的巴布尔记录可追溯到 1908 年，那时有一则著名的广告，内容是一名绅士身穿短外套，头戴遮雨帽，广告语形容"轻便至极的外套……是出海、钓鱼、驾车、划船、狩猎的理想选择"。我们还可以看到背景上的灯塔，这是巴布尔当时的商标，它已经成为防水衣裤的标志。直到 20 世纪 20 年代巴布尔才以家族名称取代了商标。事实上，今天仍然掌管公司所有权的巴布尔家族仍安静地待在初时的背景里，他们关心的不是经营而是历史，因为很多巴布尔客户毫无疑问地喜爱浏览家族的历史相册，尽管很多巴布尔家族与其他英国典型家庭没有什么不同，大部分情况已经不采用量身定做了，这种情况只能从巴布尔家族的历史照片上见到他的曾祖父诠释着这一切，真可谓王顾左右而言他的高明经营。正因如此，今天巴布尔是英国少有的具有三个王室供货许可证的服装制造商，他们是女王、爱丁堡公爵和威尔士王子（图 4-7）。我们很难不去留意王室对这个品牌的偏爱，没有哪个王室成员在拍照时不穿巴布尔，无论是出生于皇室的安妮公主、威廉王子、查尔斯王储，还是嫁入皇室的凯特王妃、戴安娜王妃，经常可以看到他们穿着巴布尔在牧场劳作的身影。这些信息传遍世界各地，免去了巴布尔参与昂贵广告大战的必要，巴布尔效应证明了出售一件产品不需要广告的事实——是对一件作品的精神需要数十年的耐心和自信，这个漫长过程一定会有更多的文化积淀，何况它根植于盛产绅士的英国文化中。

图 4-7 巴布尔由三个王室炼成的休闲绅士符号

（二）进入上流社会的密符

在户外服中，没有哪一种服装像巴布尔那样有一股难以抗拒的朴素而平凡的田园气息扑面而来；没有哪一种服装像巴布尔那样充满质朴的高贵。这种高贵之谜由于朴素而平凡，常常被误读、误判，即使在社交界也是如此。可见作为我们认识高雅的休闲文化，不妨从做好巴布尔的功课开始。

巴布尔夹克可以说是英国人创造的最具现代感的户外夹克。它具有良好的防湿、防寒、防荆棘的功能，也是参加各种户外活动、远足和乡间采风常用的休闲装。不过它保持的古老工艺，需要你定期为其上蜡，否则其功能会失效而减少寿命，这与其是在享受它的功用，不如说是在体验进入上层社会一道道规程的细节。下面是巴布尔给予的沁蜡建议和流程。

首先要充分阅读随服装提供的"保养说明书"和装蜡锡罐上的操作提示，这似乎成为拥有巴布尔的宣言（图 4-8）。

装蜡锡罐　　　保养说明

图 4-8 "拥有巴布尔的宣言"

（1）清理你的外套。用冷水和海绵擦拭夹克的表面。避免使用热水和肥皂，禁用洗衣机，因为这会永久去除蜡涂层进而使夹克不能再进行上蜡处理。可谓贵族身份的消失。

（2）融化蜡。将装蜡锡罐放入热水中，使温度足以软化锡罐内的蜡。这大约需要 20 分钟，将固态蜡融成液体。

（3）上蜡。使用旧布或海绵，将熔化的蜡均匀涂于夹克表面，要特别注意接缝、反折和补丁处。多余的蜡要及时擦掉。应保持给锡罐加温足够的温度，以保持蜡的液态。如果蜡开始变硬，就需要更换热水。要注意的是夹克的灯芯绒领面和口袋盖内侧不要上蜡。

（4）吹风机热吹处理。上蜡后蜡仍会浮于表面，为了达到沁润的彻底要用高温吹风机进行风干，直至蜡完全沁入面料的纤维中。

巴布尔每年1次的上蜡服务，就像把爱车定期送到维护中心一样，一旦巴布尔重新打蜡，把它悬挂一段时间，放在较为温暖的地方，远离其他服装，自然风干24小时。要注意的是多余的蜡要避免侵入表面面料以外的面料，特别是灯芯绒领面和衬里。巴布尔拥有者会特别重视巴布尔公司充满绅士的建议。"承蒙您的夹克每年1次重新上蜡，您可以发送给我们，也可以选购专门的锡装罐蜡，依据操作指引维护您的夹克。"（图4-9）。

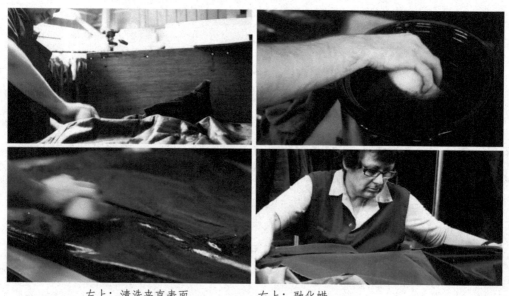

左上：清洗夹克表面　　　右上：融化蜡
左下：上蜡　　　　　　　右下：风干

图4-9　巴布尔沁蜡步骤(慢生活的特征)

巴布尔如此繁多的后期护理工序，当你决定购买巴布尔的时候，与其说是得到了一件防雨夹克，不如说是选择了一种高贵的生活方式。一旦穿上它你便成为品位的一部分，进入一种优雅成功人士的世界。可见户外服中的不同样式，不仅仅是为抵御恶劣的气候、休闲、方便和适应不同运动项目而存在，它同样也能使你脱离不恰当穿着的危险。对于巴布尔而言，如果你了解它的掌故、内涵，特别对它的潜规则有所把握，当你不确定穿什么你可以随时求助于巴布尔。这是因为它是很中性的服装，不像防寒服那样保暖和臃肿，也不像白兰度夹克（机车夹克）那样前卫，最重要的是它包含了不列颠血统，进入上层社会的境界，最需要巴布尔"慢慢体验"。甚至在出席社交晚宴的时候，羊毛衫、牛仔裤和巴布尔的得体组合，比起穿错鞋、裁剪糟糕的燕尾服来得更好。这种提醒并不是鼓励男士在社交晚宴上都去穿巴布尔，而是告诫我们，无论是什么场合都是可以穿出个性的，但要恪守能够表现具有同等品位这个前提，而且构成这个前提的一定是恰当的组合。因此，在正式晚宴上像巴布尔的恰当组合，要比燕尾服不恰当的组合更显得有品位，尽管它不是正式晚宴的礼服（燕尾服属于此类）。当今在欧洲，巴布尔就像一张进入上流社会的门票的说法就不足为奇了。

巴布尔能够迎合欧洲发达国家人们不同的行为与思维方式而横扫整个欧洲大陆。如今我们仍然可以看到，在欧洲的每一个城市，从赫尔辛基到马德里（不仅仅是西欧的大城市），那些宣扬贵族们的休闲栏目，每周都会不期而遇，频繁上镜的便是那些穿着巴布尔的名人影像，它一次次使这个魅力世界的感受加深印象。较之众多昙花一现的流行概念，巴布尔真的是一项长期并有价值的投资，毕竟，它越旧价值就越高。反复上蜡的工艺让一件磨损破旧的巴布尔，无声地证明着"因为持久拥有，所以呈现资格"。一家著名的信用卡公司就此获得异曲同工的创意，"巴布尔越陈旧，资历越老"。这其中给我们传递了两个信息，一是诚信的时间越长越可靠；二是绅士的特质不在于创新，而在于创新生命的持久性。这就使我们的讨论回到了开始的问题，巴布尔能够迎合欧洲许多国家人们不同的行为与思维方式，反复上蜡正是巴布尔成为品味绅士休闲生活的秘籍（图4-10）。

图4-10 巴布尔风格诠释的不仅是休闲更是品味

就其自身的魅力不谈，巴布尔还是一种高度个性化的服装，它给人们大量风格上的、功能上的、构成要素上的以及民族上的联想，在无论是支持还是反对狩猎（巴布尔在英国历史上称为狩猎夹克）的人中间都同样备受欢迎。英国式的沁蜡夹克几乎将实用、耐穿、运动与高品质、休闲、经典等赞美之词自然和谐的融为一体，成为当今休闲服装一道亮丽的风景线，它几乎成为优雅休闲的文化符号，让世界上所有的一线品牌以"山寨牌"形式宣示它的存在（图4-11）。很难想象没有巴布尔的男人社会是怎样的，现在看来它将永远地存在下去。尽管各式各样的设计都有可称得上接近完美，却没有人知道是谁首先设计制作了如此非凡的服装。但是，真正读懂巴布尔的仍然是少数，这就是"沁蜡工艺流程"，或许这就是解开"绅士中绅士"的密符。

图 4-11　巴布尔元素成为一线品牌的标志

（三）巴布尔细节表示功用更表示信任

　　了解巴布尔的细节是男士认识品味休闲功课的开始。狩猎是当初巴布尔设计的初衷，功能设计和优良的品质是它最合适的表达方式，其实这也是户外服传递高贵信息的重要基础和解读品位的基本准则（图4-12）。

1. 口袋

　　巴布尔衣身后部有个大袋，它是为狩猎这种运动准备的行囊；两侧大大的风箱袋为弹药提供了足够的空间；古老的浸蜡织物防水挡风免受风雨侵袭（图4-12①）。其实古老的浸蜡织物远不如高技术下的防雨化学涂层尼龙织物（现在成衣制品的巴布尔也多用此类织物），这刚好是辨别高贵与品位的重要指标（传统和天然物质不可或缺），还有里子纯棉的苏格兰格布。纯正的巴布尔根据不同的用途，制成超轻、轻和重三种织物。超轻织物多用在夏季或大运动项目；轻织物为常规面料；重织物主要用于防荆棘。浸蜡有两种作用，一是防水，二是使织物形成蜡质保护层而不易划破。处理方法是将长绒的埃及棉织成不同厚度，并用一种特殊方法在蜡中浸透，开始时会有些浮蜡脱落，使用一段时间后与主人便浑然一体，这充分体现了中国传统哲学的天人合一。

口袋的设计对于巴布尔来讲是最不能忽视的，从上到下，从里到外不仅仅是传统的那种狩猎需要，它已经成为无论是城市还是乡村户外休闲生活可以盛放一切的装置，狗的牵绳、报纸、太阳镜、口香糖、香烟、打火机、手机甚至驱虫剂。在男人看来巴布尔可以实现一切的功能装置，可以不用，但不能没有，因为细节不仅仅表示的是功用，更重要的它在暗示绅士的担当和信任（图4-12②）。

左襟内侧设有放钱夹的口袋，为防随物脱落和大运动量的保险装上拉链，并没有在使用时方便选择拉链的调节功能（图4-12③）。

2. 按扣

按扣是由防腐蚀的黄铜制成，黄铜不仅有很好的耐久性和通过摩擦产生的光亮，还有高贵的族徽文化传统。门襟拉链配有大拉环，戴手套时拉解方便。腰间斜插袋除了插手用还可放临时的物品，为防止运动时脱落也装上拉链（图4-12④）。

① 老虎袋

② 背后通袋

③ 皮夹口袋

④ 大环形拉链

图4-12 巴布尔的细节

（四）巴布尔的常见品类

值得注意的是，当它一旦积淀成文化符号时，构成它的一切元素都不要做颠覆性的改变，而要在保持主体风格的前提下对细节恰到好处地拿捏，这就是"巴布尔家族"的魅力所在。下面的六种巴布尔风格很值得慢慢去体会（图4-13）。

标准版巴布尔
鲍富特Beaufort

户外运动版巴布
尔波尔多Border

标准款的升级版
摩尔蒂Moorland

运动型的升级版
诺森伯兰Northumbria

超短型钓鱼巴布尔

无袖型巴布尔

图 4-13　巴布尔家族的六种风格

1. 鲍富特

深褐绿色薄型沁蜡面料（轻型）是巴布尔标注性元素，这种神秘之色被时尚界视为"无法抗拒且难以驾驭的高贵"。当然它的细节设计按照常规也应有尽有。因此，我们把它称为标准版巴布尔，即鲍富特（Beaufort），在绅士们身上见到最多的也是它。

不过它有向年轻白领阶层延伸的趋势，特别深受年轻学者和成功女士的喜爱，它几乎成了上层女士的"购物袋"。

2. 波尔多

波尔多（Border）是指稍长、几乎可代替堑壕外套的巴布尔，常用色是深褐和墨蓝，采用里外多袋大容量的设计，深受那些喜欢全副装备的户外运动人士的钟爱。

3. 摩尔蒂

摩尔蒂（Moorland）是那种较厚重面料的巴布尔，橄榄绿是它的标准色。它是为那些想穿出不同于常规巴布尔风格人士准备的，可以说它是鲍富特的升级版。

4. 诺森伯兰

与一般巴布尔的苏格兰棉布衬里不同，长身型的诺森伯兰（Northumbria）巴布尔的衬里，是用羊毛和聚酯纤维混纺织成暗绿格子图案，它有着一个迷人的名字——狩猎马金瑙（Hunting Mckinnon）。由于这种苏格兰格子有贵族族徽的背景和狩猎的名分，因此它有英国本土的特点和崇英的暗示，可以说它是波多尔的升级版。

5. 无袖巴布尔和钓鱼巴布尔

把巴布尔的袖子去掉，作为一种背心的设计或许是个古怪的想法，但作为一种保护（躯干）倒是个绝好的创意，如在户外抱起你的爱犬可防止弄脏衣身，更多手臂运动的户外项目穿着没有袖子的巴布尔感觉更好，因为当你需要某些功能的时候，一切都可以改变，因此可装卸内胆和风帽的巴布尔甚至超短款的钓鱼巴布尔也成为巴布尔家族的常见构造。或许这正是巴布尔生命力的秘密所在。

（五）巴布尔配饰

作为主服的巴布尔夹克在细节上已做到了精益求精，而在配饰上仍不能我行我素。软色和皮靴、防水长靴、射击靴等，它们几乎全部具有专配的样式。

运动色根据用途可以多种多样，但不适用在巴布尔身上，其深褐绿色的经典款式至今无大改变（图4-14）。它的造型任何元素的形态都是由功能决定的。所谓软色，这对狩猎和野外运动很重要，因为它可以随时隐藏外形，适应环境和不同的活动空间。在构造上还要有可拆洗的间隔，扣襻、边角都要用皮革加固等，这已远远超出传统狩猎的范围，像登山、垂钓、远足、采风等对任何旅行式的休闲都会派上用场，将服装的颜色与身边的周围环境尽可能的融为一体，这就决定了软色成为巴布尔色的基本风格。

巴布尔夹克的穿着组合无论狩猎风格、城市中的半正式或休闲风格。因主服巴布尔的存在而使配服的经典元素大增，彰显出纯正的英国血统（图4-15）。

图 4-14 巴布尔多选择与环境相协调
的色系传承了它的狩猎生活

原始的狩猎风格中所用的射击专用靴和防水靴更为值得一提，它虽不属于普通休闲的装备，但对它的了解却不能轻视，何况它在很多休闲项目中又是通用的，如垂钓、露营等。

由天然橡胶制成的射击用靴，里面用皮革加工是很讲究的传统。它是由法国人最早于 1927 年在南锡的西南地区制造出来的，他非常强调穿着时的舒适合脚，体现了法国人享乐主义的特点。在欧洲大陆，绅士们都着重拥有这样一双射击靴，尽管他们不怎么嗜好这项运动。

图 4-15 巴布尔夹克的风格组合

三、Polo 衫——一种古老优雅文化的延伸

即使在贵族社会拥有骑马的全套装备也是一件可望而不可即的事情，其实拥有与否不重要，因为这不是一项大众化的运动，重要的是我们认识不认识这种文化现象。在休闲生活中，与骑马相关的服装、饰品，甚至一些与马术有关的符号都折射出某种高雅修养。户外服有它的功用专属性，但在应用的领域内却非常宽泛，这就是户外服"无为而治"的魅力。例如，骑马的服饰装备并不是只有在拥有了自己昂贵的马匹，并且在骑马时才显得有意义。在其他休闲领域内，如果穿着考究的马上运动服装，依旧可以被别人定义为一个准绅士，因为这种搭配原本就是一种古老骑马文化的表征，只不过变得生活化而已。他不放弃这种原始符号，在暗示同行们"我属于这个绅士阶层一员"，但和骑马没有任何关系（图 4-16）。

图 4-16 Polo 衫已不单单只对骑马情有独钟

英式骑马全套装备是全世界最推崇的休闲着装风格，而在服装历史上，从马背上诞生的服装众多，并且各显经典。比如礼仪级别最高的燕尾服、西装休闲风格的竞技夹克、外套领域内的麦肯托什乘马雨衣等，都出自贵族的乘马文化。Polo 衫虽然内涵与传统的骑马文化的联系并不明显，但其名称却最为直接地反应了这种文化的延伸。它推出后迅速成为包括马球在内的众多英国绅士运动的标准着装，被称为"草地上的游戏服"。从户外的网球、马球、高尔夫球到现代室内的台球、保龄球等各项绅士运动都采用或曾经采用过 Polo 衫作为高雅运动的标准服装。以"马球运动"命名是因为具最古老、最优雅和最英国（图 4-17）。

图 4-17 历史悠久、举止优雅的贵族运动所演化出的英式 Polo 衫

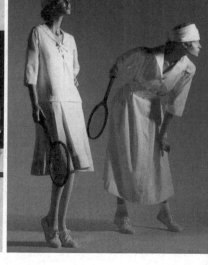

图 4-18 20 世纪初的网球运动服更像纨绔

（一）Polo 阴差阳错的身份来历

Polo 衫，从字面的意思去理解，也许你会认为它是专为马球运动员设计的，其实不然。这一名称并不来自于骑马运动的发源地英国，而是美国。并且 Polo 衫作为一种运动称谓的历史并不远，只有 40 年左右的时间，而它的前身网球衫却流行了近百年，并且具有地道的欧洲血统（图 4-18）。

最早的 Polo 衫源自于一场网球运动服装的解放革命。20 世纪初，女人穿裤子都会被认为是不道德的，这就形成了网球运动女选手穿着衬衫与百折棉裙，男选手穿着法兰绒裤子和挽起袖子的衬衫，且不谈活动的灵活性，单就法兰绒这种材质也会让选手挥汗如雨。所以一场运动服的革命应运而生，这时一个法国人热内·拉科斯特（René Lacoste）的出现为网球运动带来了一股新风。

拉科斯特本人对于我们来讲或许很陌生，但那个绿色的小鳄鱼商标却早已深入人心。而真实的拉科斯特不但是一名出色的设计师和成功的商人，他还是 20 世纪前半叶杰出的网球运动员之一。在单打和双打比赛中他共获得 5 次法国网球公开赛冠军、3 次温布尔顿网球公开赛冠军和 2 次美国网球公开赛的冠军。而对 Polo 衫影响最大的是 1926 年的美国网球公开赛，当时的拉科斯特穿着自己改良的白色短袖运动衫最终夺得了那届比赛的冠军，从这以后网球着装便摆脱了传统贵族服制的束缚，长长的卡夫袖、领带、毛衫通通不见了，取而代之的是清一色的新式网球衫。在拉科斯特退役后，他开始专心经营自己的品牌，最终将其打造成为国际知名休闲品牌的"鳄鱼王国"（图4-19）。

此后的 Polo 衫作为最经典的休闲运动服，几乎席卷了所有运动项目，这其中当然也包括马球运动。而一款应用领域广泛的服装却并未有它的专属名称，包括此后的弗雷德·佩里（Fred Perry）品牌的 Polo 衫也一直以简单的运动网球衫来定义。直到美国设计师拉尔夫·劳伦（Ralph Lauren）的品牌诞生（图4-20）。拉尔夫在开创自己的品牌之前一直受雇于美国古老的绅士品牌布鲁克斯兄弟（Brooks Brother），使得他在文化上深受英国绅士运动的影响，而马球正是那个年代美国人向往英国文明的集中体现。所以在 1967 年拉尔夫凭借 5 万美元的贷款将拉尔夫·劳伦马球衫（Polo Ralph Lauren）品牌投放市场，而品牌设计的重点就是围绕着 Polo 衫的英式休闲文化展开的，符合时宜的风格使其在美国大获成功，并将各类网球衫的名称都统一成为 Polo 衫，这是一个加入英国贵族血统的美国神话。

图 4-19　创造 Polo 衫的拉科斯特

图 4-20　创造美国 Polo 风格的
设计师拉尔夫·劳伦

（二）经典 Polo 衫的三驾马车

1. 拉科斯特的鳄鱼 Polo

　　Polo 衫现今作为一种休闲文化的国际风格，来自法、英、美的拉科斯特、弗雷德·佩里和拉尔夫·劳伦三大品牌可以说是休闲时尚的风向标。

Polo 衫的经典元素由拉科斯特创造。他的设计使网球运动中手臂进行大幅度运动时更为舒适自如，而在同样会大量运用手臂的马球、高尔夫球等广泛绅士运动领域内同样适用，这便使得他取得了巨大的成功。1933年创建的拉科斯特品牌，在 1939 年就达到了30 万件的生产量，网球衫作为运动新时尚的代表取代了所有夏季运动的长袖衬衫。

为了最大限度地保护这个成果，拉科斯特第一个实现了在他的产品中防止假冒品的想法，这就是在 T 恤的左胸上用特殊的工艺绣上一只鳄鱼防伪标识，由此确立了 Polo 衫左胸必绣标识的品牌规则（图 4-21）。就是鳄鱼这个标识，在全世界 T 恤成品中非法复制品最多，也正因为如此，高雅休闲的生活方式便在大众中普及，复制品是违法的，它的伪产品却让世界公民变得优雅休闲起来。20 世纪 30 年代法国每一个人都知道他选择鳄鱼做标识的 T 恤意味着什么，于是"鳄鱼"便成了高雅运动的符号而名声大噪。毫无疑问这个符号为成功推销优雅休闲的生活方式起到了推波助澜的作用。其实拉科斯特品牌的鳄鱼 Logo 的产生，并非直接与运动有关，而是与他的一场比赛胜负较量的赌博息息相关，赢家将获得一只鳄鱼皮行李箱。结果很显然，拉科斯特不仅赢得了比赛和行李箱，也获得了一个"鳄鱼"的绰号。而这之后他的好朋友罗伯特·乔治（Robert George）为他设计了一款鳄鱼图案，这位冠军立即爱上了这个图案。不久他就穿着绣有鳄鱼图案的白色球衣出现在球场上，这个标记很快成为了他享誉国际的标志。由此，左胸绣有标志的白色运动衫便成为 Polo 衫的经典范式。

图 4-21　标志性的鳄鱼 Logo

这种休闲的经典范式，今天的人们对它产生于什么运动并不关心，但是对 Polo 衫身上的那条小鳄鱼却成为人们永久的记忆。这种白色短袖加鳄鱼 Logo 的针织衫随着拉科斯特一次一次在网球草地上捧杯的同时，也见证了一款服装让一个品牌崛起的奇迹，一个经典就是这样炼成的。

图 4-22　费雷德·佩里的多彩和条纹的贵族元素让网球衫提升了时尚魅力

2.佩里Polo衫的复古"青风"

弗雷德·佩里这一建立在第二次世界大战后的英国品牌，在 Polo 衫的发展历程中起到了承前启后的作用。如果说第一个发明 Polo 衫的人是拉科斯特，那么应用色彩与条纹把 Polo 衫带入流行文化的则是弗雷德·佩里（图4-22）。

佩里与拉科斯特的经历极为相似，作为一个 20 世纪 30 年代成功的网球选手获得了 8 次四大满贯赛事的单打冠军。而作为拉科斯特的晚辈，佩里也是他前辈创造新式网球衫的实践者。在退役之后他也选择了投身到运动服的设计开发当中（最开始是做护具，后来发展到服装），并又有自己的创新。在自己的品牌诞生之前，网球衫一直作为较单纯的运动衫来穿着，面料基本都是纯白色，并未附带有更多流行时尚的元素，而佩里将色彩与条纹赋予了新的网球衫概念。其实这样做并不谨慎，特别是在保守的英国文化圈内，改变传统并非易事。但时代给了这个品牌一个好的机遇，这便是第二次世界大战摩斯族文化（Mods）的兴起。

摩斯族作为英国青年的次生文化与美国的摇滚街头文化的根源均出自于 20 世纪 50 年代"垮掉的一代"的风尚，但在美国和欧洲的表现形式却各不相同（图 4-23）。美国青年主要外在的表现是牛仔夹克搭配脏的 T 恤，油渍、金属锈迹是不会少的，加上重型机车。而英国青年为了标榜自己的贵族文化，以区分于他们认为土气的美国人，就选择了彩色网球衫搭配西装，骑着一辆小型布布摩托❶，爱称为"速可达男孩（Scooter boy）"（图 4-24）。青年人永远是时尚的旗帜，富有贵族背景的摩斯族青年使得多彩的网球衫成为时尚的先锋，而网球衫也通过佩里这个品牌抛弃了标准运动服白色一统天下的格局，一跃走入时装行列。而原本的白色的网球衫也因为佩里的多彩和边饰的条纹（实为借鉴网球毛衫的配色形制）而变得更具复古和经典的英国味道。

3. 拉尔夫·劳伦让 Polo 衫充满贵族气。

拉尔夫·劳伦作为网球衫的后起之秀和 Polo 的命名品牌，似乎是站在了前两位巨人的肩膀上而获得的成功。但它作为一个美国知名品牌所带给网球衫在全球的影响力

---

❶布布摩托：相比于美国的重型机车，布布摩托是一种城市所用的小型踏板摩托。

图 4-23 英国摩斯文化与美
国摇滚文化的对抗

图 4-24 彩色网球衫加小型摩托成
为"速可达男孩"的标配

是他的前辈无可比拟的，因为美国是现如今当之无愧的世界运动服中心和指导者。我
们试想一下巴布尔夹克很高贵很英国但我们一无所知，而同样作为经典的 Polo 衫可以
说在全世界无人不知无人不晓，这便是拉尔夫带给 Polo 衫的巨大推动作用。而美英两
种户外服轻重文化能在一件运动衫上产生融合的效应，在形式上我们也能看到这种结
合的痕迹就是他把拉科斯特和佩里巧妙地糅合在一起，形成了更具美国化的拉尔夫风
格，造就了它无穷的魅力。其原因拉尔夫十分清楚就是源于欧洲的 Polo 衫上含有浓厚
的传统和贵族味道，美国作为体育大国和在英国人面前时刻想摆脱"土气"的美国人，
与其说创新，不如说极力想改变"暴发户"的坏名声。这正是美国文化使拉尔夫命名
Polo 衫的初衷，使其成为世界超级运动衫的伟大智慧（图 4-25）。

拉科斯特　　　　　　　佩里　　　　　　　拉尔夫

图 4-25　拉尔夫让 Polo 衫充满贵族气

（三）Polo 衫的细节

在了解 Polo 衫的细节之前，先看看拉科斯特发明它之前的网球服形制。通过观察传统网球服就可以发现新网球服的设计原理。

图 4-26 传统网球运动
服的整套装备

在现代网球衫问世之前，网球服的整套装备是普通的长袖衬衫、系领带、搭配网球毛衫、穿宽口休闲裤或灯笼裤甚至是背带裤（图 4-26）。但透过其中的细节，我们还是可以看出一些运动所承载的伦理文化的时代信息。首先它作为一项绅士运动，服装中的领结、领带或是领巾在当时是绝不可少的，这一传统在台球运动的斯诺克着装中依旧保持着，为搭配领部服饰，就自然要穿衬衫，衬衫用梭织面料，当时化学纤维进行混纺还不普及，针织物属于内衣，不能登大雅之堂（绅士阶层普遍恪守的原则），所以只好选择稍大一些的长袖衬衫外搭合身的网球毛衫或毛背心，用毛衫的弹性收紧衬衫的余量（绅士的讲究），又能满足运动的功能。

可不可以有一种富有弹力的衬衫来解决这一切？相信这一定是当时拉科斯特的内心想法，因为只有像拉科斯特在网球场上的风云的人物，才能体验到需要什么样的装备设计，这也是后文在设计方面所提到的罗伯特·康斯托克所讲的户外服设计在于体验而非灵感的重要佐证。于是他将全棉针织面料利用到了网球衫之上，事实上这是一场内衣外穿化颠覆绅士服传统的服装革命，并且进行了一系列的减法设计（图 4-27）。将全扣门襟改为了半扣门襟的套头衫，从多元的组合化变成单一的集约化，而大大增强了舒适和运动的指数。如果细节上还保持内穿衬衫形制的话，那就是衣摆。它将圆形下摆改为了前短后长有小开衩的方形下摆，在减短了衣长的同时，后身较长的下摆也保证了捡球时上衣不会从裤子中脱出（内穿衬衣下摆入裤是绅士服的传统）。

这种情况还表现在领子上，Polo 衫和 T 恤衫最大的区别就是有领和无领。保留衬衫领可系领带或领结可谓网球衫作为网球绅士运动的最后守望者的标识，虽然之后这种穿法已经很少见了，罗纹领的诞生也就成为这种运动衫的标志物，这一细节也成为区别于其他休闲针织衫，而让 Polo 衫成为厚重文化代表的标志，表明了其原生血统是来自于绅士的内穿衬衫，甚至礼服衬衫。从之前的长袖卡夫，变成了短袖，并采用罗纹袖口。形制简化很多，但收紧的功效并未改变。这些都在暗示 Polo 衫并非内衣外穿

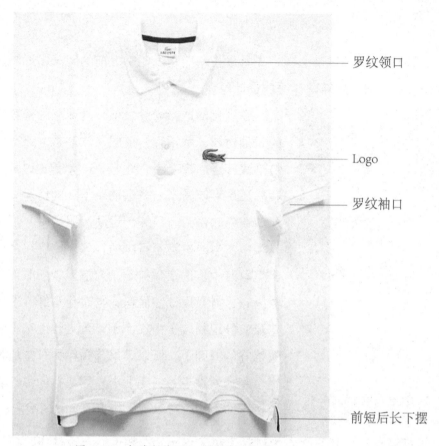

罗纹领口

Logo

罗纹袖口

前短后长下摆

图 4-27 标准版的 Polo 衫不变的细节

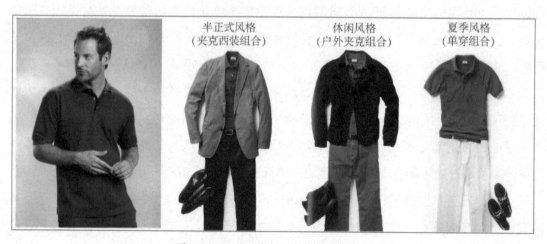

半正式风格
（夹克西装组合）

休闲风格
（户外夹克组合）

夏季风格
（单穿组合）

图 4-28 Polo 衫的几种常规组合

化的变种，它创立了一种完全不同于 T 恤衫的新古典主义的贵族气质。而应用范围上 Polo 衫也完全不逊于内穿衬衫，可与休闲类西装搭配，并且在休闲层面拥有着比内穿衬衫更多的组合与搭配选择（图 4-28）。

作为欧美两个 Polo 衫的发源地，人们通常会认同它们初创时的色彩和裁剪风格，这是休闲社交的明智。代表欧洲风格的鳄鱼衫较短，领子偏大，色彩单一素雅；代表美国风格的马球衫偏长，小领，色彩夸张。偏爱美国冒险风格的选择马球衫；喜欢地中海风情的穿着鳄鱼衫，当然在设计上它们也会相互借鉴，两者交替穿着无悖。值得注意的是，某些元素具有社交取向的暗示，保持住传统会使风险降低最小。例如今天的马球衫最初是专为网球运动而设计，第一件鳄鱼衫自然是白色，因此白色便成为了 Polo 衫的经典之色，崇尚传统的人只会选择白色（浅色系）。然后马球衫毕竟是从体育运动演变而来，又经过佩里和拉尔夫的演绎，这就决定了它们必定走向多彩的世界，但这并不意味着它们进入了俗文化，至少它是将大众带向高雅休闲文化的伟大实践；拉科斯特把白色高雅网球运动的普及；佩里把网球衫的罗纹领和袖口加入条纹增加了怀旧的高贵血统；拉尔夫用"Polo"的命名多彩的诠释真正使高雅文化植入了大众休闲生活。面料却只有一种，它们必须是由全棉针织物制成，这种织物透气性好，弹性大，吸湿性强，不需熨烫。只有具备了这些指标才是高品质理想的 Polo 衫，但价格永远不会超出大众的接受度，而成为完全可以和牛仔裤平起平坐的超级户外服。

现今的 Polo 衫几乎辐射到了所有绅士休闲运动的服装领域，高尔夫运动是广泛运用 Polo 衫的休闲项目，但其中细节仍有玄机。高尔夫相比网球和马球运动，几乎没有对抗性，可以说是一项休闲踏青的运动，它的一个细微的变化便宣示了高尔夫 Polo 衫的诞生，即将左胸的 Logo 变成了一个小贴袋，这样弱化了运动性的同时增加了功能性，便于放入一支笔和计数卡，为自己计算比赛杆数带来方便，但改变传统会增加风险，所以这种有袋的 Polo 衫并不常见，或者有特别需求和暗示才会选择，如领和袖口有条纹和贴袋意味着这是件很英国风格高尔夫衫（图 4-29）。英式台球的斯诺克（Snooker）是唯一到现在还未服制改革的绅士运动，在参加正式比赛时球员必须着合体衬衣配黑色领结，外穿马甲才可登台参赛。不过随着商业化的今天，在一些商业或娱乐性的斯诺克比赛中，着装要求已经放松，选手摆脱传统服装束缚以后，大多都会挑选 Polo 衫参与比赛。像棒球、保龄球、飞镖等运动，Polo 衫也一直是各路选手们不二的选择，因为它们不是大街上玩的运动。

图 4-29 暗含有英国风格的
高尔夫有袋 Polo 衫

四、水面的功夫与修身的钓鱼背心

作为田园生活的重要运动，垂钓已经远远超出它自身的意义了，它以超静的心境与自然交谈，与水对话，与鱼斗智斗勇。钓鱼的目的不在于把鱼钓上来享受它的美味，更主要的是漫长等待的过程。这种表面气氛平静而内心汹涌澎湃的修身养性运动，被视为修炼绅士品格的必修课。因此，它的装备和它的历史一样深厚和久远。而作为钓鱼装备中的第一服装，钓鱼背心在名人圈里几乎成了修身的符号，因此也带动了各行各业的人士，无可顾忌地用之以证实一个成功者背后的执着与耐心。当今人们把它视为记者背心，可见就连名称也没搞清楚，更不用说社交圈的时尚者如何掌控它的密码了。对于一款服装，特别是在自身还不了解的情况下，随意地跟风并不保险。我们该以如同垂钓的心态去冷静地加以认识和观察，才能驾驭得了自己身上的着装。

（一）英国绅士的修身物语

在英国人看来，垂钓是博物学家时代达尔文式自然探秘的产物。对于垂钓、鸟类观察等户外生物规律的研究兴趣，是人性提高的必要途径。这个传统似乎也仅限于英国。在强调君主传统的英国，可以说有针对各个阶层相适应的户外运动和兴趣爱好，以皇家为中心的上流社会，把垂钓、鸟类观察看成培养自然科学修养，完善人性的绅士必备品格。极力想挤进上流社会的中产阶层纷纷效仿之至，得以在大众社会广泛普及开来，而成为不列颠的民族性格。在休息日，有相当的英国人，深入郊外一边观察野鸟，一边漫步山野，水底生物的探究就需要靠垂钓了。这几乎成为英国人慢生活的标本（图4-30）。

图 4-30 垂钓运动

　　在装束上作为优雅的趣味，英国元素是不能不考虑的，尽管它缺少了一些美国的科学成分。在英国威尔士的肯布利安户外用品商店中，你不可能找到羽绒或化学织物的户外用品。因为它们缺少了太多的历史、自然和英国文化。而用于漫步旅行和钓鱼用的粗呢夹克、灯笼裤、洛登外套、人字呢户外便装、散步鞋等的剑桥样式应有尽有。在苏格兰爱丁堡市内，创业于 1778 年具有辉煌历史传统的户外用品专卖店阿雷库斯公司，只有在英国我们才能见到这样的经营户外用品的古董店，它几乎成为世界游客体验真正传统英国户外生活文化的旅游景点。它主要经营钓鱼等外出郊游的户外用品，带有北国情调，剑桥风格成为主导。粗呢和灯芯绒面料的户外服很显眼，高织纱棉布施以防雨涂层的防水巴布尔夹克，深受崇英人士的信赖，因此，只有在英王室钦定的户外品牌汇集到白金汉宫后花园的时候，才能顿悟到这种英国式修身气氛的风貌（图4-31）。

图 4-31　白金汉宫后花园中绅士修身的聚会

　　作为苏格兰呢产地而广为人知的卡拉西鲁斯地区，在斯侬多流域经常可以见到享受着钓鱼乐趣的英国人。他们的服饰和射手的装备没有多大区别，头戴猎鹿帽或是现代的棒球帽，粗呢夹克或格子衬衫，下穿防水裤，加上为应对风雨天气的巴布尔防雨外套。这种装备组合也完全是垂钓以外户外运动的组合，这种水面的功夫和装备的天衣无缝造就了英国式天人合一的修身物语（图 4-32）。

　　作为查尔斯王子垂钓老师所居住的塔毛托府邸，那是一座红色建筑，旁边有小溪流动，水鸟游走戏水，这是一个垂钓者的乐园。垂钓者中间有许多社会名流，被称为"垂钓隐士"，像生物学家一样，观察溪中鱼、虫的生态，他们会随着各个季节发生的变化，或用粗呢上衣或穿运动衬衫改变着他们的装束和姿态，但有一点是不变化的，就是英国元素，因为最能使人从精神上享受放松的古老方式难道除此还有别的什么吗？正像艾兹库的名著《钓鱼全书》所说的那样，"我认为，英国人享受富有魅力的垂钓生活，决不放弃基于户外运动的任何装束和工具，因为垂钓运动整个的精神和心境上的娱乐放松，一定是通过每个细节实现的，当然其中还包括在这个环境中人和人的交流，甚至垂钓者还相信，讲究得体的装束会更好地与大自然交谈。因此，垂钓者创造出的独一无二的钓鱼背心不知道让多少类似摄影记者们着迷。"

图 4-32 垂钓装备英国式天人合一的修身物语

（二）钓鱼背心与记者背心

　　是钓鱼背心还是记者背心，似乎不那么重要，只要用着方便管它叫什么，这便上演一些名人穿着它参加访谈、参加会见，甚至参加晚会的一场场滑稽戏。这几乎是对它静心修身初衷的亵渎。"只要用着方便"，访谈、会见、晚会之类的场合，对于它来说完全不存在用着方便的问题，可能恰恰相反，或许通过它表达"我多么有个性，时尚"，这实在是一种误读。而记者借用钓鱼背心则是一种职业的契合，但他们目的性特质是完全相悖的一种奔波与安静兼具的心境（图4-33）。因此搞清楚是钓鱼背心还是记者背心确有必要。

　　不需要用什么东西去证实，我们习惯叫的"记者背心"

图 4-33 记者背心的奔波和钓鱼背心的安静

在户外服里根本就不存在（绅士圈里称钓鱼背心），它从名称、每个元素到整个设计概念，原原本本从"钓鱼背心（Fishing Vest）"衍生出来的。我们不能叫它记者背心是因为它完全没有像钓鱼背心那样具有深厚的历史感和内涵丰富的文化掌故，这并不是说记者这个行业没有文化，重要的是用钓鱼背心的称谓，会开启我们去解读其中的文化、历史信息的兴趣，因为构成它的一切都是由于垂钓这种生活方式所具有特定的历史、文化背景而诞生的，记者则是发现了它的这种奇妙的功用最适合，因此借而用之，这也从另一个角度说明，任何一种服装都有一定的适应性，但这并不能因此改变它的出身。马裤是骑马用的，但不意味着打高尔夫不能用，也不能因为它用在打高尔夫就变成高尔夫裤。这其中的例子举不胜举，如牛仔裤、棒球夹克、登山夹克、雪地裤等，它们几乎都可以在非固有的项目中使用，但它们的名称不会因活动目的的改变而改变，这在很大程度上是为了保护它的固有的纯粹性和可靠的文化信息，这或许就是经典服装可以陶冶情操的魅力。同样的道理，钓鱼背心被使用在摄影记者行业中，在改变功用的同时也改变了它的名称，它固有的文化信息会丧失殆尽，甚至成为一种文化误传或误读。

（三）数不胜数的口袋需要耐心的拥有

最初钓鱼背心是以用具的目的出现是毋庸置疑的。在它产生之前，对钓鱼作业放在身上必要的小用具都装进钓鱼背包中，在实践中发现，收放这些大大小小的零散用具在背包中虽方便，但不实用也不宜随身携带。分装不够细，取用不够随意，于是取而代之的便是钓鱼背心的诞生。显然是它细致、周到、精致有趣的人性化功能设计很快在垂钓运动中普及开来，始料不及的是时尚业的大发展让它义无反顾地"嫁"给了摄影记者，成了他们形影不离的"小棉袄"，它几乎成了这个行业的标志。这样记者们不断地使钓鱼背心在媒体中频频上镜，这使它成为大众装束的始作俑者。同时也就成为社会误读为一种时尚先锋的标签，而它的原始意义却一无所知。

其实钓鱼背心的一切元素都是一心一意为垂钓而着想的。垂钓分两类，一是在河流、湖泊等内陆，坐在相对固定的位置用诱饵钓鱼；二是作为运动或游猎的垂钓，这也是高级的垂钓运动。钓鱼的方法可以做各种各样的考虑，垂钓的多变术设计，充分体现了理性和智慧，包含人与溪流、鱼、水中昆虫以及周边自然环境等的考虑，所有这些使钓鱼运动变得越来越技术性且多样化起来。因此，对于钓鱼所使用的工具当然也要有各种各样的考虑，熟练地使用它们，让钓鱼由于专业的和有技巧的操控而充满了智慧和趣味，这就是钓鱼背心多袋产生的原因。

钓鱼背心浑身充满了各种不同功用的口袋，就是将钓鱼从出发到垂钓全过程所发生的一切用具收纳在身边，在任何情况下都可以随时取用和装入，从这个意义上说钓鱼背心不是服饰品而应该属于钓鱼用具。重要的是每个口袋的功能和位置是根据垂钓者常规的习惯进行设计的，而并不是无序的，它的造型也不是可以随意变化的。这一点又体现了钓鱼背心的文化价值，它的符号学研究价值也在于此。因此，我们大约可以做这样的判断，看一个垂钓者或摄影记者是不是具有专业，就看他钓鱼背心的元素是否准确，分布是否到位。如图4-34所示是美国哥伦比亚体育服装公司的户外服产品，是钓鱼背心的标准版，也就是说任何诞生出的版本都是以此为蓝本设计的，这是很值得我们深入研究的。

　　钓鱼背心的面料是有防水加工（做防水涂层）的100%棉制品，在高温多湿的情况下，也有在肩背部采用网眼质地的背心。标准色是浅驼色和墨绿色。背心标准长度大约在腰臀之间，还有超短型在腰线位置，这是对常站在水中垂钓而考虑的。口袋设计是钓鱼背心的基本使命，这一款考虑了它最大的使用可能，设有23个口袋。

　　衣身右片最上边的小袋是用来存放装小虫、诱饵等的小型容器，结构立体形式（箱式）以增加容量。袋盖背面有尼龙粘扣（搭扣）（图4-34 ①和②），使用简单快捷。左片同样的位置对称设计，功能相同。

　　其下是中型贴袋（非风箱式），用来装喷雾器、温度计之类的用具较为适合。该口袋表层贴有磨毛皮革，是为了保持口袋干燥设计的（图4-34 ③和④）。与此对称的左身的口袋是被一分为二的两个箱式口袋，靠侧的一个和上边小口袋的作用相同，靠中间一侧的用来放照明工具。它们各自的袋盖上均有粘扣（图4-34 ⑭和⑮）。

　　横贯腰间左右各一个大型拉链口袋，多用来放刀具，手帕、纸巾等用品，其下还有一个稍短的拉链口袋作用相同（图4-34 ⑤和⑥）。

　　剩下的下摆部分，左右共分布着四个箱式口袋，用来放其他的小型工具和临时用品（图4-34 ⑦）。

　　前门襟用拉链，拉链上端设有襻扣，主要用来挡拉链拉好以后锁住拉链下滑，且增加固襟作用，即将此扣襻与对襟对应位置的襻扣扣死（图4-34 ⑧和⑨）。

　　背部下半部分是一个几乎占满背部空间的贴口袋，可以用来装雨具或饭盒之类的大件用品（图4-34 ⑫）。背部上端领口的系环，和前右身小口袋下方的D形环是配合捆绑渔具用，此外，还可以用来挂钓鱼俱乐部的出入证（图4-34 ⑩）。

　　钓鱼背心内侧左右上方共设有两个贴口袋，它们用来放打火机、香烟之类的消遣用品最合适（图4-34 ⑪）。下方左右共设六个贴袋，可以用来放线轴之类的用具。在右襟内侧最上方，稍斜的方向有一个细长的口袋，是放太阳镜最好的选择。

　　后背内侧上方，可以看到一个横的通体拉链大口袋，是将整个后背作为大口袋的设计，与外侧同样可以放大的物品，特别是放地图这种大而需要平整怕湿的东西（图4-34⑬）。

　　后背外侧的大拉链依旧是一个携带大号或重物的携带口袋，比如将口粮和不常用到的物品放入其中，而后部增加的重量也可以达到平衡钓鱼马甲前后携带物品重量平衡的作用（图4-34⑯）。

　　由此可以认为，钓鱼背心完全拥有一个全方位户外运动背包的容纳力，且功能强劲而细腻。它为垂钓者一日行程的所有物品悉数容纳并可以坐地为牢，使钓鱼这种运动更加惬意美妙。其实这么多的口袋也只有百分之六七十的利用率，但在绅士们看来，它们可以不用但不能没有。因此解读它的元素构建的形制秘密比它的实际功用更重要，因为"水面的功夫"取决于是否有足够的耐心驾驭这些口袋。

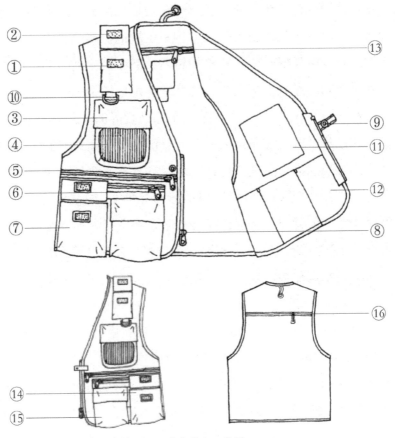

图 4-34　钓鱼背心口袋图

（四）垂钓者的全套装备

　　钓鱼是一项从国王到平民都喜爱的休闲运动。无论是国王还是贤达会在一条流经他的领地的小溪里垂钓借此放松自己，他的目的很简单，就是融入自然享受与鱼儿博弈的乐趣，至于垂钓装备自然为之便是最高境界。想要成为钓鱼爱好者其实不需要太多的装备，第一次的尝试只需要一个装有鱼线的钓竿、一个钩子和一个水浮就够了。在这种意义上也不必考虑着装的问题，就算是准垂钓手也不必花很多的钱用在特定的装备上。因为这种运动与狩猎和骑手这些大运动量且有一定危险的运动比起来并没有特别装备，基本上是由选择的钓鱼方式、特殊的需要和地理环境来决定。例如钓鲑鱼的人当然需要穿高胸防水裤，因为要站在河里。一般的垂钓只需要一双胶靴用以防止湿脚。然而，作为垂钓这种优雅的休闲文化就完全不同了，一个描写垂钓的诗人，他并非钓手但很懂得垂钓的掌故，这虽然是文人的质素，我们需要这样的修养，何况他有修身的密符。因此这种包括装备的体验已经远远超出了物质需求，无论是钓手还是体验着不要因为钓鱼太不引人注意而草率行事，正是这种纯正而齐全的装备能体验是垂钓者忍受孤独的享受。可以说设有多功能钓鱼背心、防水夹克、防水裤、胶靴、运动帽、雨伞等户外用品供应商不能称之为专业的户外用品供应商。甚至你要观察是不是有小的细节被遗漏这也许就是有那么多钓鱼主题的专属领带。一个专业的户外用品经营商，在钓鱼背心中任何一个小部件的错用，都会影响到他的声誉，因为这可能会引来误读，甚至无知的尴尬。与一个打着有鲑鱼主题领带的人谈论的一定是哪条河最适合钓鱼、钓到鱼的大小，还有那些被聪明的家伙捉弄的"漏网者"。

当然，垂钓最具个性的装备是钓鱼背心、巴布尔防雨夹克和休闲帽。钓鱼背心与其说是服装不如说是用具，更确切地说它是为存放几乎全部钓鱼用部件而设计，各种功能的口袋便成了它的主要构成元素。它的形制有两种，一是标准型长度在臀部以上，一是超短型用于下水的背心，长度在腰线上下。那些经常站在及膝深河水里的垂钓者需要一件防水短夹克。巴布尔品牌是最合适的选择，它有很好的防水性，在水位偏高时，夹克里边下摆有防水宽贴边，以防止夹克棉衬里弄湿，苏格兰格子棉衬里说明它保持独到的英国元素（图4-35）。

休闲帽在垂钓装备中是不可缺少的。苏格兰粗呢帽（A tweed hat）是最传统的选择，形制来源于蒂罗尔风格。它不仅能够很好地御寒遮雨，还可以把假鱼饵放在帽子上。苏格兰粗呢鸭舌帽（Flat tweed cap）和蒂罗尔帽同样是一种传统的选择，它的粗呢材质非常适合储存假鱼饵。现代版的钓鱼帽已经美国化了，棒球帽是最合适的选择。

钓鱼这种休闲运动似乎完全不需要领带，但这时用领带的意义并不是功能上的考虑，而是趋于某休闲项目的标识，这也许是高雅休闲运动的某种象征，也可能是渔猎运动不同阶段的某种提示，总之它带有古老而原始的仪俗信息。一个猎手或许会戴着饰有雄鹿或雏鸡的领带，而一个钓鱼爱好者则会选择鲑鱼主题的领带。渔具供应商那里有大量钓鱼主题的领带供你选择，你可以在一天河边大丰收之后的篝火鱼宴上戴上这样的领带。

鱼是生活在水里的，高筒胶靴无论如何是需要的，不过可以根据实地环境作出选择，高水位的要选择到大腿的防水靴，到腰的深水还需有及胸的防水裤。这可以说是准专业的垂钓装备了。

　　以假鱼饵钓鱼不需要很大的伞，不过对于那些想在河边或湖边舒服地和鱼打消耗战的话，有一把伞来遮阳挡雨是件很不错的事。在设备充足的情形下，他们还能在伞下坐满整整一天而压根不需要考虑下雨的问题。

专业组合　　　　　　　　　　　休闲组合

巴布尔防水短夹克

Polo衫　　　T恤衫　　　外穿衫

苏格兰呢帽　鸭舌帽　棒球帽

工装裤　　　卡其裤　　　牛仔裤

胶靴　　长筒防水靴　防水裤

钓鱼伞　　钓鱼图案领带

登山鞋　　运动鞋

图 4-35　钓鱼马甲的专业组合与休闲组合

第五章

美国休闲文化大
趋势

　　美国经济的高速发展与美国在政治、经济建设中，不断融合而形成的文化价值观有着密不可分的关系。美国的文化价值观是个人主义、自由主义、平等竞争、勤俭致富、实用与功利主义、自尊与自信等。正是这些多元的文化传统在北美这块辽阔富饶的土地上相互碰撞、相互融合，才最终形成了竞争、学习、创新的美国文化。脱胎与常青藤绅士文化❶　的实用主义户外服运动正是在这个背景下诞生的。

---

❶常青藤绅士文化：指学院派学习英国传统绅士文化而创立的美国绅士传统，它是代表西方主流社会的"西装文化"标志，发端英国，发迹美国，成为影响世界社交的主要推手。美国户外服文化和产业正是在这种"务实主义"的背景下壮大成为世界引领者。

一、美国实用主义的智慧

将美国价值观进行梳理后发现，自由平等与勤奋务实似乎最能高度概括美国文化的八个字，这两者相辅相成相互影响，而实用主义的核心打造了美国神话。

自由平等是美国价值的第一理念，特别是自由，即使当自由与平等之间发生了冲突，平等也要让位于自由，因为这是美国的立国之本。美国通过两次战争，即独立战争和南北战争之后才建立起了一个独立统一的国家。这两次战争的目的一次是为了扫除殖民统治，建立新国家，另一次是为了废除奴隶制，维护国家统一。而实际上根本意义却是相同的，就是推翻强权，争取自身的自由平等。在新的国家建立后，美国人民为避免再产生新的压迫力量，通过宪法将三权分立的国家体制确立下来，最大限度地限制住了权利的使用，将自由与平等放还于民。

在自由平等成为社会的一种传统理念的条件下，美国的竞争机制才能良好地运作起来。而竞争便引申出了又一价值理念，即勤奋务实。美国是完全建立在没有封建贵族等级基础上的国家，每一个人都是国家的主人，拥有很强的公民意识。在这种自由平等思想不受束缚的情况下，通过竞争一比高下显得格外单纯，勤奋的劳动与务实的方法就成为劳动者奋斗的信仰。一个国家从无到有，从弱到强的发展进程给了劳动者大量的就业成功的机会，使得勤奋务实成为美国实用主义的最好体现。牛仔裤就是这种美国主义的文化符号。

其实自由平等与勤奋务实就能很好地定义美国的服装。自由平等象征着美国服装风格的选择。服装的风格不再受制于欧洲的那些等级阶层或传统道德的束缚，每个人都有选择自己穿什么，甚至穿不穿的权利。而勤奋务实则指导着美国服装的设计文化，公平环境下的竞争机制所产生的效率意识影响着服装的功用细节的设计。耐用、高效、单一而好穿的服装形制可以为提升工作效率带来最直接的帮助，久而久之便形成自身的设计文化。为了强调实用的设计理念，他们甚至制定了配套的法律制度——进口成衣装饰性的上税90%，功能性的上税30%（图5-1）。这种实用主义的美国模式也正好迎合世界户外服产业发展的趋势。使美国户外服产业的效益远远超过了保持古典户外服。

美国的绅士品牌布鲁克斯兄弟（Brooks Brother）及作为传承英国文化的常青藤风尚成为美国精英服饰文化的标志，这其中的智慧就是发展了"英国的实用主义"。

除了美国在感情上倾心向英以外，其实随着自身社会的前进和新科技的产生，通过不断的积淀，使美国也开始从自身历史进程中渗透出了一些属于自己的厚重文化。

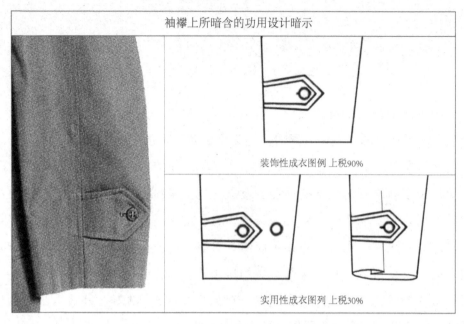

图 5-1　美国进口成衣对装饰品和实用品上税标准

当然在自由平等的着装理念下，美国的厚重风格不会像出自贵族的英国服饰一样保守而循规蹈矩，或者说他不会以牺牲实用为代价去刻意寻求"厚重"，而是一个笼统的，边界并不十分清楚的机会主义类型，它的设计原则是，对人群没有选择最舒适的服装。比如牛仔风格，应用甚至比英国还重的天然纤维织物，但这是因为功能的需要而并非崇英。再比如外穿衬衫风格，也运用大格子和配色的图案设计，但它诠释的不是苏格兰族徽而是牛仔文化，这些可谓美国的重文化。当然如果将这类衣服与英国经典户外服对比，英重美轻是毋庸置疑的，但如果将他们与美国自己现代科技所产生的羽绒服或吸汗 T 恤衫相比，它们就是美国的重文化。可见轻重文化理论的分界线并非来自于地域，而是来源于对比，对比会使服装形态背后所身处的历史文化与社会科技环境的差异凸显出来，而引出轻与重的文化概念。

二、牛仔裤——户外服新古典主义的风向标

对于科技发达与多文化交融的美国，高科技水平的服装日新月异，这使得出身并不高贵，历史尚不算悠久的牛仔装成为现今美国新古典主义的代表。特别是牛仔裤，在这之前没有人会相信牛仔裤成为绅士休闲生活不可或缺的选择。牛仔裤使传统沉闷的社交界有了活力，特别是年轻的新贵和社会精英，牛仔裤甚至成为他们商务休闲的标志。就是在办公室里，它与夹克西装、布雷泽西装组合不仅未被拒绝，反道成为一道亮丽

的风景，堪称新古典主义的范式。值得注意的是，那种有尊贵密码的牛仔裤，作为成功的男人需要特别关注，如李维斯 501 牛仔裤（图 5-2）。

图 5-2　美国文化所创造出的牛仔文明

（一）牛仔裤之父李维·斯特劳斯（Levi Strauss）和他的 501

其实牛仔裤的影响力远比我们想象要大得多，是因为在它身上的很多知识我们并没有了解。美国创造了牛仔裤，如果没有通过欧洲主流社会和市场的历练，很可能半途而废，美国创造的任何一件里程碑式的男装概莫能外。因此，美国合理主义功能至上的理念必须加入英国的文化传统和欧洲市场锻炼，一个品牌才会有品位和成熟起来，这是户外服新古典主义的基本特征。同样，牛仔裤带有"解构主义"味道的新样式，几乎没有离开传统一步而保有了进入欧洲影响世界的资本，因此，牛仔裤从它诞生那天起，绅士们就没有丝毫轻视过它。

最早的牛仔裤是由李维·斯特劳斯（Levi Strauss）在 19 世纪 60 年代创造的。起初作为采掘作业裤使用，面料为作帐篷用的帆布，颜色也是帆布本色的茶色。早期的靛蓝牛仔裤诞生在 1872 年，1873 年为提高加固工艺，采用双针（双明线）装饰缝，

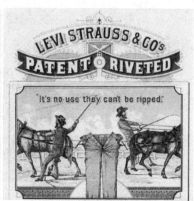

现代李维斯（Levi's）牛仔裤广告　　牛仔裤之父 Levi Strauss　　李维斯 1887 年的双马 Logo

图 5-3　李维斯品牌

特别是后身贴口袋双重拱形装饰缝，同时配以铆钉共用被特许制造而成为牛仔裤的标志。数年后的 1877 年定型为今天的五袋牛仔裤被命名为李维斯 501。定型时所设计出的双马标也沿用至今，而双马标的含义虽然夸张但内容很明显，充分反应了牛仔裤结实耐用的特性，两匹马对拉都无法扯开一条 501 裤（图 5-3）。

　　李维斯 501 牛仔裤之所以成为新古典主义，是因为它的每个细节都承载了绅士服的信息。五袋是指前身两侧 L 袋，右 L 袋内设一个方形怀表贴袋，后身臀部位置两个贴口袋。L 形口袋其实是从马裤横插袋演变而来，由于坐姿是骑手的基本体态，前腰无褶与平式插袋成为这种功用的最佳设计。如果说牛仔裤跟骑马有什么关系的话，无褶 L 形口袋可以说是最直接的证据，可见绅士喜欢它是因为它跟古老的马事有关系。因此 L 形口袋和无褶也就成为牛仔裤的标准样式。

　　怀表袋是李维斯 501 牛仔裤不可或缺的细部设计。它借鉴了西裤怀表袋的设计理念，只在款式上根据牛仔裤的整体工艺和风格在右侧 L 袋内侧作贴袋处理（西裤采用隐形挖袋工艺），形成复合袋结构，再加上铆钉，无不表现出牛仔裤功能的精致，材质、

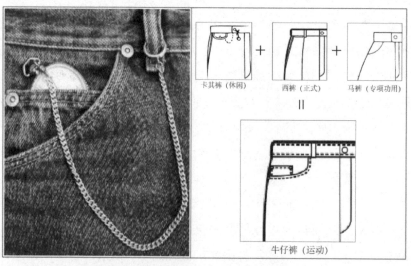

图 5-4　501 牛仔裤口袋的绅士基因

工艺的机械之美。它和卡其布休闲裤味道完全不同，休闲裤借鉴怀表袋是在斜插袋旁边腰缝处作袋盖式怀表袋处理，它有若隐若现的感觉，西裤怀表袋则采用完全隐蔽的设计和工艺。根据适用的场合不同完全符合它们各自礼仪要求的性格（图5-4）。

　　李维斯501有绅士需要拿捏的信息和特别的暗示。社交界把它分为前501和后501。

　　前501是指501的古典版，它的特点是，前门为暗门襟，用四粒金属铆钉扣固定，腰头用一粒大金属扣，由于拉链发明在纽扣之后，门襟使用金属铆钉扣和五袋的形制便成为古典李维斯501的收藏版。这种暗襟纽扣的前门设计仍作为区别古典和现代版牛仔裤符号提示给那些年轻绅士们。使用铜质拉链的李维斯501，是在20世纪初开始的，它标志着现代版李维斯501牛仔裤的开始。因此，这个版本也叫作李维斯502（图5-5）。

值得注意的是，在古典版和现代版之间还有一个过渡板，这就是指李维斯后501的版本，它的前门已经采用了铜拉链的装置，只是在侧身育克上方还保留着501初创时借鉴马裤时的调节襻（图5-6）。当李维斯502确立时调节襻在现代人的生活中没有太大的作用也就被省略了。

五口袋形制　　脱胎于马裤与西裤组合而成的怀表袋　　古典版501的金属钉扣暗门襟

图5-5　五袋金属铆钉扣、暗门襟是古典版501牛仔裤的标志

现代版501的铜拉链门襟

后501版的腰部调节襻

图5-6　501牛仔裤家族

作为牛仔裤的面料来讲，甚至比它的造型特征更突出、更有内涵，牛仔裤（jeans）本身实际含义是"用靛蓝染制厚重斜纹棉布水洗作业裤"。20世纪之后在业内，就是由这种特殊工艺和材料维系着牛仔裤独一无二的风格和品质。因此就有了附加面料的牛仔裤名称（多在业内流通），如李维斯501××、李维斯501Z××、李维斯515-15（Levi's 515-15为灯芯绒面料）等。"××"是指14盎司斜纹面料水洗，501××多指古典版，501Z××多指现代版。稀有的501Z××价格昂贵，甚至为保持501原色的品格不能机洗而要干洗，这样的牛仔裤作品已经远远越出了它固有的价值，也成了收藏家追逐的目标。

靛蓝、棉布加水洗，这极具亲切感和百分之百的本色品格而成为无国界、无性别、无年龄、无场合差别的万能服装，它几乎成为所有类型服装的纽带而走向大同。早在1960年以后，在蓝色斜纹水洗布原型基础上出现了不同色调、印花图案、织花图案，羊毛、皮革的配色处理也大行其道。最有成就的就是灯芯绒在牛仔裤中的应用，而产生了甚至可以和李维斯501平起平坐的牛仔裤家族，这就是李维斯515-15。它早在1962年就开始了，这种面料的使用，整体上比牛仔布理性规整，它的粗、中、细条纹又有微妙的风格差异，颜色可以用古典的灰和绿，也可以用更休闲化的白、土黄和淡褐色，这在很大程度上填补了牛仔裤斜纹水洗布单一和过于平民化的不足，而条绒面料又带有贵族的血统，使李维斯515-15连李维斯501一同带进上层社会，这使得牛仔裤新古典主义的内含更加丰富，为休闲生活提供了更加广泛的选择（图5-7）。

图5-7 丹宁布丰富的牛仔面料

（二）美国牛仔裤与欧洲文化的融合

牛仔裤可以说是20世纪初时尚的激先锋，然后它几乎所有构成的元素之根，都踏实地扎在了传统的土壤里，这大概就是它的生命力所在，它诞生了一个半世纪，现在看来似乎还处在风华正茂的少年时代。它L型口袋、用途极少的怀表袋、铆扣和拉链可以"自由切换"的前门，后育克加上调节襻无不渗透着古代绅士马裤的气象，其实更重要的是它无时无刻不在改变着现代人的观念和生活方式。

自从19世纪牛仔裤在美国发明之后，进入20世纪，它经历的两大变化，对人们的着衣观和生活方式的诠释，在服装史上或许是独一无二的。

首先，李维斯501现代版牛仔裤，它体现在品牌Logo上的结实、耐用、方便和极具亲切感的本色品格，与英国户外服乡村田园的传统不谋而合，因此它率先征服了英国和欧洲的年轻人，它成为20世纪50年代反叛一族的时尚之帜。这种铆钉加靛蓝色的牛仔裤，在美国本土虽然很普通，但对这样一个冒险成性的民族和充满竞争空气的社会，牛仔裤不过是大巫见小巫。而当它进入一个习惯于循规蹈矩的欧洲文化时，生活秩序全被打乱了。一瞬间席卷了欧洲社会，牛仔裤作为毫无掩饰的拓荒者形象开始了长期普及的时代。便宜、粗犷、易洗和代表时尚先锋的牛仔裤能在当地的杂货店和超市中买到，这种概念对欧洲人来讲是完全美国化的。对于被战争摧毁的年轻人，从迷茫、困惑中，发现美国人送来的牛仔裤，它就像来自美国的日用品一样的便宜、方便耐用，这意味着自由、冒险和新生活的开始（图5-8）。

图 5-8 欧洲少年人手一件的牛仔裤

如果说牛仔裤20世纪50年代第一次进入欧洲是大势所趋的话，60年代欧洲人才真正从牛仔裤充满理性和革命性的创造中找着了感觉。观念的提高使牛仔裤渐渐进入主流社会，市场价格也在逐渐提升。人们从鄙视（土气的美国人）、观望到接受，牛仔裤在欧洲市场的价格，变得比它的本土美国还要贵。即使在今天，美国人仍幸灾乐祸，因为他们发现在法国、英国和德国往往要花上在美国三到四倍的价钱，这样的高价位并不是织物和制作过程有多高有多难，只是美国人非凡的创造力，使欧洲人不得不大量的进口，关税被转嫁给了欧洲市场，这给在欧洲生产的牛仔裤提供了赚取高额利润的机会。这种情形强有力地激活了欧洲设计师进入牛仔裤领域的愿望，意识到掌握牛仔裤的全部技术、生产标准就可以占据欧洲牛仔裤市场。这得以使美国版的牛仔裤加入欧洲的文化传统。可以说美国本土的牛仔裤被欧洲上层社会的认可，特别是英国贵族，便身价倍增。因此，20世纪70年代欧洲版的牛仔裤反过来又在影响美国，当它进入美国市场的时候，牛仔裤的经典地位在美国也就确立了，因为自古以来美国上层社会就把崇英视为他们的基本生活方式和显示与英国文化趋同的主流意识。英国人福莱德·塞高（Fred Segal）很清楚这一点，他在洛杉矶设立的专营店，可以说是欧洲牛仔裤进入美国的先驱，洛杉矶所售牛仔装多于其他各地并且品质高，牛仔裤产业整体的提升和欧洲、英国的加入不无关系（图5-9）。在欧洲流行的样式一度集中在501上，这也是李维斯501成为新古典主义的关键。20世纪80年代早期来自美国的弹力李维斯501开始流行，它一直持续到90年代，使牛仔裤功能更加完善。在欧洲成为一种全新的休闲模式，它和一种叫作齐顿（Kiton）的运动夹克、昂贵的英国夹板鞋组合成为新古典主义的标志（图5-10）。牛仔裤、运动西装和领带的组合从未跃进"保守"的工作领域，这是由它平民出身所决定，但它激活了商务社交的沉闷，牛仔裤仍是为休闲商务而备。即那些商务传媒、广告之类的行业，因为这些朝阳产业的着装准则就是试图改变那些传统的套路，即使是运动西装，他们也感到过于正式。因此，牛仔裤在欧洲的确立，成了年轻成功人士休闲装的必备，在他们看来拥有"恰当式样"（经典李维斯501）的牛仔裤变得日益重要。它与20世纪80年代直裁双褶的宽松西裤形成强烈对比，不久无腰头双褶裤相继流行很快又不流行。而只有501的直身牛仔裤始终处在强势。20世纪90年代见证了牛仔裤的辉煌。那时曾有句话说道："如果这一秒钟所有的牛仔裤都消失，那么下一秒钟世界上将有一半人都要光屁股了"。

图5-9 欧洲品质的牛仔裤

图 5-10　运动夹克配牛仔裤加上夹板鞋成为古典主义的标志

（三）沃霍尔与牛仔绅士的经典样式

毫无疑问，李维斯 501 通过欧洲文化，特别是英国绅士文化的洗礼奠定了它的最经典地位，这在一定程度上是因为一位具有强烈崇英情结的美国著名流行艺术家安迪·沃霍尔（Andy Warhol）对流行艺术运动的推动有关。他是著名的美术家、电影制片人、20 世纪 60 年代流行艺术运动波普艺术（Pop art）❶的发起人和主要倡导者，然而他又有强烈崇拜英国保守文化的意识。波普艺术在当时主要盛行于英美，英国波普艺术在当时主要盛行于英美，英国波普艺术家倾向于把工艺和大众文化结合起来，甚至采用隐喻的处理手法。实际上真正实践了这些观点的倒是美国的波普艺术家，沃霍尔就是其标志性的艺术家，他的座右铭就是"任何人都可以成为一台机器"。他就尽力像机器那样制作他的艺术作品（图 5-11）。牛仔裤也应该是这样，用工业化的机器将它和英国制造在一起。沃霍尔将李维斯 501 这个纯粹美国化的牛仔裤配上细格子衬衫、领带和蓝色布雷泽这些完全流淌着英国贵族血液的上衣装备，塑造了一个全新的经典样式。也许这种穿法早就存在，《访问》杂志的前编辑鲍勃·库雷斯乐（Bob Colacello），在他的新书《神的惊骇——近观安迪·沃霍尔》中声称沃霍尔并非是这

---

❶波普艺术（Pop art）：主要指 20 世纪 50 年代末至 70 年代中叶在英国和美国出现的一种文化潮流。它受益于工业更名的成果（工厂化生产方式），并借用巧妙的商业技术为其造型手段，创造了一种更趋于客观的和易于被社会广泛接受的艺术形式。美国波普艺术倾向于象征性、隐晦性和挑衅性。英国的波普艺术则更具有主观性、探索性和表现性。

图 5-11　将牛仔裤与西装进行英美融合的波普艺术大师沃霍尔

种风格的创造者，而是他的大学同学休斯。休斯首次将西装夹克和牛仔裤相配颇有新意，沃霍尔随后效仿成为牛仔裤组合风格中最具英美融合的味道（图 5-12）。这种说法听来非常可信，因为在流行问题上休斯的确比沃霍尔有见解。什么叫有见解，它的标准是什么？即使在美国的流行界也是要看对英国文化的研究有多深厚。休斯高出一筹，就是因为他所穿的一切都是英国货——来自汤米·纳特（Tommy Nutter）的手工西装、特拉博和阿塞尔（Turabull&Asser）的手工衬衫、罗布（Lobb's）的手工制作的鞋，他的科隆香水也是英国制造（Penhaligon's Blenheim Bouguet）。即使他穿的李维斯 501 也好像在萨维尔街（Savile Row 伦敦一流西服店集中的街道）改动过。这种诠释着英伦文化的美国风格，非常符合沃霍尔的着装需求。因此，当沃霍尔采用这种风格时就作为"沃霍尔样式"而成为美国的一种时代的文明，或许这种结合不会作为"休斯样式"成为美国新潮典范是必然的，休斯不像沃霍尔那么出名，那么有号召力，因为 20 世纪 60 年代流行艺术运动的旗帜只有一个，那就是沃霍尔。

（四）登峰造极的功能主义牛仔工装裤

如果说牛仔裤是对标榜现代人户外公共生活方式的话，工装裤（Overralls）则是对现代家庭生活方式的一种诠释，而且它完全不是英国贵族式的，而是地道美国式中产阶级的家庭生活方式，引领着认识那些时尚人士、艺术家和设计师（图 5-13）。它的品格与牛仔裤有着亲缘关系，几乎牛仔裤所用的面料、工艺、包括加固用的铆钉，成品的水洗、砂洗工艺等都可在工装裤中使用。因此它仍然和牛仔裤一样表现出极强

半休闲形式（休闲星期五）

英式休闲形式

美式休闲形式

单件西装
内穿衬衫
系带牛津皮鞋

休闲夹克
T恤衫
户外鞋

夹克西装
Polo衫
乐夫鞋

图 5-12 沃霍尔式的牛仔搭配新风尚

的亲和力、功能性和完全的本色风格，成为户外服的经典而风靡全球也是预料之中的。

工装裤就是休闲裤的连身形式，最早主要用于机械制造工厂工人的工作服，由此得名，在我国也称背带裤。它是十分符合一体化穿衣的美国理念的典型。

图 5-13 拉尔夫劳伦一家的牛仔装备

为什么说工装裤的全球普及和美国式的生活方式有关？200多年历史的美国说不上文化的深厚，所谓美国贵族大多像当年哥伦布发现美洲大陆一样，是从发现、发明、创业到经营一步步成长起来的，这和欧洲贵族的继承、世袭的传统不同，他们完全没

图 5-14　劳动成为美国家庭立家之本

有了欧洲贵族的那种纨绔的气质，深知不停的创造和工作才有出路，这种理念在每个美国人家庭中植根下来，并渗透到生活中的点点滴滴。

家庭事务全部由自己去做，特别是男性做家庭事务是天经地义的事情，因为这是美国人立国的传统，并且成了生活习惯，正是由此适应工装裤从工厂被引入家庭（图5-14）。

由此可见，工作裤给我们对休闲生活方式的另外一种解读，这就是周末做家务是一种休息而不是负担。如修饰房间油漆粉涂、修剪草坪花木、维修汽车和自行车以及处理衣物做卫生等。这种美国式的生活方式非常符合世界潮流，既健康又大众化。在今天年轻人大概看重的更是工装裤代表的是美国文化，接受它其实在想告诉人们"我是美国生活方式的代言人"，至于它那独立自主、节俭的本色和无可挑剔的功能设计却一无所知，其实这才是具有普世价值的美国生活方式的精髓。殊不知美国式这种民主的争取，是要通过就像工装裤中一个个真实工用的元素一样，要一个个通过功能的使用高质量地完成多少个义务劳动为代价换来的（争取8小时工作日）。

其实工装裤和牛仔裤有同样悠久的历史，从100多年前（19世纪末20世纪初）希阿兹（Shears：大剪刀）的产品目录中就能见到，这种历史记载从时间上看，明显打上了产业革命的印记。这个时期称为摩登时代的美国，工作就意味着一切，工装裤便成为工人们朝夕相处的伙伴，也就决定了它卑微的出身，正因如此也就决定了它良好的功能。这些本色的品格给它带来的便是无限的生命力。

工装裤的始祖是美国奥希科希公司（Oshkosh）的产品，它是位于美国北部威斯康星州奥希科希小镇的开发商，库罗布（Glove）是其公司的名称，是以生产制服和工装裤起家的，而工装裤成为它的看家产品，由于商品名称与小镇名称相同为人熟知，使公司名声大震。其实成功的秘诀更主要的是它把工装裤的设计紧贴美国人的家庭生活，而跟进不断变化的市场。例如，美国家庭对儿童的教育是，他（她）们能够做的，大人决不去帮忙，他（她）们不能做的，也试探着让他（她）们去做，因此从小养成他（她）

们自己的事情自己做的意识，离他（她）们最近的服装是最有这种启发价值的，工装裤则最具有这种代表性和发挥空间的。因此，当工装裤在美国家庭中进一步普及的时候在童装中迅速跟进。他们只保留原有的设计将其小型化。工装裤与围裙组合是最为理想的工作服，又有女童特点，腰部宽松舒适最符合儿童体型，连体但无袖既易于手臂活动又易于穿脱，如此优良的功能设计正好迎合了儿童游戏时效仿大人进行各种劳作，而成为他（她）们朝夕相处的玩具爱不释手。似乎儿童版本的工装裤更接近美国人的生活，因为这样，才能把"自己的事自己做"的观念落到实处变成孩子们的自觉行动，人们才把奥希科希看成最信赖的商品（图 5-15）。

图 5-15　贴近家庭生活的工装裤

　　工装裤最初使用棉平纹粗布。李维·斯特劳斯公司在 1850 年用惯用的斜纹粗布开始开发儿童背带裤（不是真正意义上的工装裤），斜纹布在工装裤中也被广泛使用，这从另一个角度也说明工装裤和牛仔裤在功能上的微妙差别，工装裤作为一种一般性的劳作，面料强度采用平纹是完全适用的，同时平纹布薄而柔软，这对常规和相对环境良好的劳作环境是适宜的。而牛仔裤是采掘用的工作服，它的工作环境差、劳动强度大也就决定了采用厚重、结实的斜纹织物。休闲生活变得更时尚化的概念，工装裤和牛仔裤在应用目的上越来越模糊，在面料的使用上也越来越通用灵活，但棉的质地仍为它们的主导，工艺、加工也就没有什么区别。

　　在功能设计上工装裤更强调休闲生活的广泛性和多用途（图 5-16）。工装裤的连身型是其最大特点，相应的穿脱问题要通过局部设计加以解决。首先使用左右侧开口使腰部可以放松且穿脱自如，并各设三粒扣又可以封闭（图 5-16①）。采用铆钉铜扣

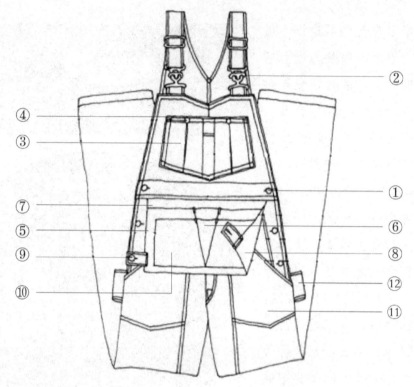

图5-16 充满功能主义的工装裤

强调了牛仔裤的风格,当然这其中有增加可用性(接触水多要防锈)的考虑,使其应用范围更宽。双肩带前端采用分置的铜制品带扣即结实又方便(图5-16②)。

工装裤的胸部口袋被一分为二,重要部位用打结缝加固。这种工艺完全与牛仔裤相同(图5-16③与④)。

胸部下方可以掀起的部分为三层复合袋设计,也被称为木匠口袋,它的独特之处具有传奇色彩。它几乎把所有的工具都可以分装在这个装置的六个口袋中,中间三角形的区域,是便于装取如笔、镊子等小型工具用的(图5-16⑤与⑥)。侧面的环形襻用于吊挂锤子扳手等长柄大工具,而放在腿侧使得这些长柄不会影响到腿部的弯曲活动(图5-16⑫)。整个木匠口袋上端被腰节固定(图5-16⑦),下端可自由掀起,也可以通过左右预设的襻与两侧开口纽扣共用,当我们弯腰工作时木匠袋两侧扣襻要解开,口袋会永远保持垂直状态,物品就不会掉落。当我们需要它与身体成为整体的时候(如远足、登山等),要将木匠袋两侧扣襻与对应的侧开的纽扣扣死,这样对腹部起到很好的保护,而运动又不会累赘(图5-16⑧与⑨)。木匠袋其中最外层的工具袋和其下两层可以用不同织物处理,下层要用轻薄而结实的面料(如尼龙),使其更结实耐用,而最外层工具袋易接触、摩擦和工具的损伤,故要使用厚实的粗棉布(图5-16⑩)。

裤子两侧大袋和后臀部两边大袋设计,作为工装裤是必要的,可能的话在裤子的右侧膝线以上设工具袋或两边同设。因为口袋的多少,特别在非常的时刻会发挥关键的作用，如采集、临时调放、存放工具、标本等（图5-16⑪）。

裤两侧的环形襻，除了具有方便挂小锤子等想要可以随时取到工具的装置，它的另一个作用甚至可以挽救人的生命，如用绳子与稳定物（树、石等）连接等。如此这些极具人性化的设计，恰是奥希科希向世界诠释和传播美国务实精神的利器。正是这些利器让传统绅士的休闲文化（以英式重文化为特征）降下了身段，跃出一个充满活力的牛仔绅士，它完全有实力成为未来绅士户外服的主流，这是由这种"利器"特质所决定的。

三、派克家族———一种务实精神的选择

以达夫尔（Duffel）、洛登（Loden）、泰利肯（Tielocken）、波鲁外套（Polo Coat）为经典的冬季户外服，它们是英国重文化的体现，因此毛呢面料和大衣形制是它的基本特征（图5-17）。就现代冬季户外服而言，这些经典要么被"边缘化"，要么视为外套类（有礼服的暗示）。这个空缺被美国轻文化的冬季户外服派克填补了。

派克（Parka）一词源于北极圈内涅涅茨人所用的涅涅茨语的音译，在1625年就被收录于英文词典当中，意思是"动物的皮肤"，是最早北极地区涅涅茨人与爱斯基摩人所

上左：洛登外套　上中：达夫尔外套　上右：水手外套　下左：波鲁外套　下右：泰利肯外套

图5-17　表示重文化的冬季户外服经典

图 5-18 涅涅茨人与爱斯基摩
人穿的极地御寒服装

图 5-19 现代派克帽边皮毛是原
始派克留下的唯一印记

穿的极地御寒服装（图 5-18）。这就会造成疑惑，因为现代的派克装不要说动物皮毛，就连天然纤维都很少采用，几乎全部都是再生纤维。其实这和人类动物保护的文明意识的增强有关，更重要的是派克装在美国流行时一直受到科技发展所左右，从毛皮到高支棉，再到化学纤维，最后到现在的充绒面料，使得派克装一直未能定型成所谓的经典款式，一直随科技和时尚的趋势而层出不穷。派克装虽有悠久的历史，但如果想要在现代派克装上找到一些原始痕迹的影子的话，恐怕只有风帽边上的皮毛还能印证它初始时的样貌，对于它来说能称得上古老的还有 Parka 这个名字，实际上它的款式、面料、细节和配色在各个时期都处于一种不稳定的与时俱进的变化之中，所以它也一直是快速轻薄文化的典型代表。这些几乎成为可以和英式户外服巴布尔平起平坐的标志物，宣示着"我是具有冒险精神的绅士达人"，而并非崇拜美国文化（图 5-19）。

而快速轻薄的服饰文化，正是美国合理主义的明显体现，我们只有对美国合理主义的户外服作品做全面的剖析，才可能解读美国人户外休闲的生活方式是如何影响整个时尚界的，认识派克装帝国打造的过程是个不错的功课。

（一）充满冒险精神的派克装

派克装在诞生伊始的阿拉斯加外套就是为了应对北极高寒气候而设计产生的，北极圈内的抗寒动物如海豹、驯鹿、熊类的皮毛就成为原始派克装最初的面料选择。这种保温性极强的服装，在最开始并未被广泛流传，因其特殊的环境地域性，使其并不适合在稍暖的地区使用，而直到 20 世纪初飞机的出现，才展现出派克装整体的发展脉络（图 5-20）。

飞机发明之初，受到观念和技术水平的限制，一直采用的是开放式座舱，这就使得飞行员要面对高空寒冷且强风的驾驶环境。普通陆地使用的毛织物外套已经无法胜

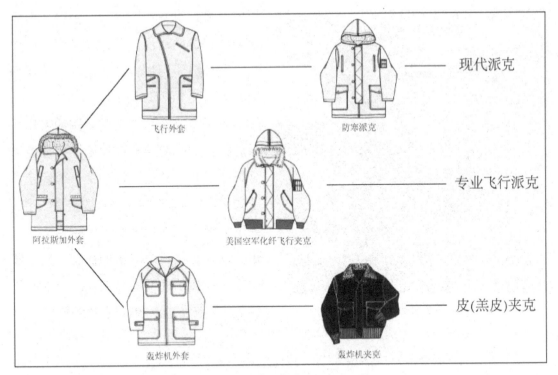

飞行外套　　现代派克
　　　　　　防寒派克
阿拉斯加外套　专业飞行派克
美国空军化纤飞行夹克
轰炸机外套　皮(羔皮)夹克
轰炸机夹克

图 5-20　派克装发展脉络和最后定型风格

任飞行的要求，这就使得常年存在于北极圈内的原生态派克装有机会走入现代文明的视野。进入 20 世纪 30 年代经过改造后的派克装进入到了初期空军的装备之中，这就是羔皮飞行大衣，后经过变短和皮质工艺的改良形成经典的飞行羔皮夹克，这就是 20 世纪 40 年代驾车纨绔的标志装备。

　　随着飞机技术的进步，新型的封闭座舱式螺旋桨飞机已逐渐取代了开放座舱的老式双翼飞机，羔皮大衣形制的派克由于不方便和过重的原因被皮制毛领的飞行夹克所取代。随着喷气式飞机时代的到来，经过面料革新，采用高支棉或是化学人造纤维的轻便派克装进入到美国空军的装备之中，取代了笨重的皮质飞行夹克。

　　20 世纪 60 年代后，充绒技术的成熟使得空军对派克装有了更多的选择，而根据不同需求派克装也出现上下分体与上下连体两种形制，最终上下分体的派克装走出了美国空军界，成为大众的冬季户外服，可以说，这标志着现代防寒服的开始。而连体派克装因其结构的特殊性成为一种特别的专业化装备，一直为空军飞行员服务至今。

　　崇尚冒险的美国人，军人在它们的心中，有着至高无上的荣耀。所以军队的装备也自然会被民众所关注和喜爱。派克装的各种款式无论是已经被军方淘汰的，还是在服役的，都受到了时尚界的大力追捧，通过常年的历练，使得派克装成为美国人的第一外套。因为多种多样的生活和工作环境，美国式的风格，派克防寒服几乎都能派上用场。甚至连内着西装时都可外穿羽绒派克，这在英国文化中是不可想象的，英国人只会用那些经

图 5-21　西装领带配派克装

典的毛质外套去搭配西装，而绝不会用化学材料的防寒服。但这在美国文化中却没有什么不可以，派克便成为传统职场的叛逆者（图5-21）。

　　了解了派克装与美国空军的亲密关系后，我们也应该可以理解为何派克装总是在变化、总是无法产生一个固定的款式了。因为军需用品的首要就是实用，绝不会考虑经典或者时尚等这种文化问题。只要有更适合舒服的面料、设计和款式，就会采用而淘汰旧品。而这似乎也是轻薄文化的一种极端的诠释。

（二）功能至上的防风雪夹克

　　派克经过战争的洗礼并没有实现美国人的"绅士梦"，派克必须加入英国的血统才能进入贵族的视野而成为时尚的主流。美国人的伟大在于，他并不是以牺牲功能为代价而英国化，恰恰相反，以功能的效率至上将英国元素美国化，并在时间中征服了那么充满冒险意识的纨绔们。登山防风雪夹克就是美国人在派克的基础上根据英国版的巴布尔夹克设计的，它必须根据登山的目的从防风增加到防寒、调节穿着方式、采集收纳身边的标本等多种功能来设计。因此它的每个细节都充满了"实用为本"的智慧。巴布尔的痕迹也清晰可辨，只是渗透在一个个功能结构的设计之中。美国的这种以保证功用元素的一体化设计理念，可以说是将厚重的巴布尔夹克灌输以轻薄文化理念的美国户外服经典设计，使派克成为多元的大众品味概念，这其中的"品味"就是"轻重文化"博弈的智慧。

　　防风衣在户外服中采用前开襟套头帽是一般常识（派克装的另一大类阿诺拉克风格就是套头防风衣形制），因此派克装一度采用套头式连体风帽结构。而登山防风雪夹克为完善其良好功能而打破常规，利用巴布尔为母本，采用前开襟和达夫尔外套的连体帽结构，再加上羽绒充填使整体功能更加完善。可见外来元素为我所用也是为了功能的需求，这便是美国化的精神所在（图5-22）。

　　登山防风雪夹克的细部结构似乎更具有原创性，但它的母体始终摆脱不了英国巴布尔夹克的影响，从各种细节中便可有所窥探（图5-23）。

防风雪夹克连体帽口（图5-23①）和腰部（图5-23②）设有收紧用的软绳，必要时通过帽口和腰部的软绳（图5-23③与④）收紧，防止体温由于风的侵入而下降。收紧和放松是通过打结固定（图5-23⑤），帽口松紧是利用软绳中的皮制调节装置完成（图5-23⑥），这种功能通常是在前门襟关闭时使用。

图5-22　美国登山防风雪派克

防风雪夹克后身有一个充满背部的大口袋，其实它并不是用来装食物、雨具等杂物，它更重要的是用来在大风雪时，向里边填充帆布之类的东西，哪怕只有一层，也可以有效阻挡强风吹背使体温不过多散失的考虑。

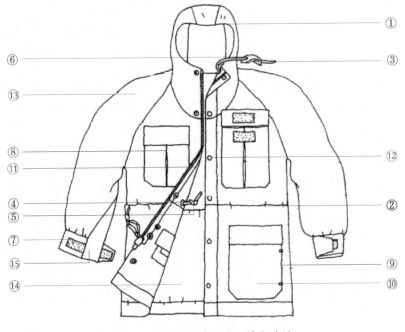

图5-23　防风雪派克细节设计与功用

防风雪夹克袖口和袖襕的设计，要完全可以放松使出入手臂方便，被扎紧时使风雪不能浸入为原则，并用尼龙搭扣（图5-23⑦）设计，快捷方便。袖衩用衩布做封闭式处理，既可以有足够的松量又可以在收紧袖口时达到最大程度的保暖性（图5-23⑮）。

防风雪夹克口袋的设计要尽可能增加容量，一般内侧有一到两个，外部有三到四个。外部口袋要有袋盖并用尼龙搭扣固定，这种装置既使用方便，又可以防东西掉出，胸部口袋中间设暗褶用来增加容量。两侧大袋做成箱式口袋（图5-23⑨），并在大袋侧边缝处做成保温手带（图5-23⑩），这种储物和保温的复合口袋在防风雪夹克中是非常必要的。

防风雪夹克要根据运动大小、气候条件，具有选择使用其中适宜的功能和穿着方式。前门襟有拉链和按扣两种共存的复合门襟就是基于这种考虑（图5-23⑪与⑫）。插肩袖优势是不言而喻的，防风雪夹克是不会放弃这种选择（巴布尔夹克的标志性结构）（图5-23⑬）。衬里采用滑爽的尼龙面料，这既可以满足防风雪夹克穿脱自如的要求，又有足够抗拉的强度（图5-23⑭）。登山防风雪夹克属于最外层衣服，要达到防寒的终极目标，放松量要适当考虑叠层式穿着的可能性，这就是汗衫、棉或毛长袖衬衫、毛衣、羽绒背心最后是防风雪夹克，这可以说是防寒的终极组合，内层衣服容量加大，所以在选择或设计时松量宁大勿小为原则。当然这并不影响，根据运动量、天气的不同来调节叠层内部衣服的数量，由此产生不同环境条件改变的各种组合。

防风雪夹克的终极组合是汗衫、衬衫、毛衣、羽绒背心、长围脖、雪地鞋靴、毛线帽、手套、棉袜、包、遮阳帽、太阳镜等，而随着美式一体化概念的渗透，派克装也越来越应用到实际的生活工作场景之中，进而产生了多种生活休闲化，而非专业户外的组合风格（图5-24）。

登山防风雪夹克面料，采用棉60%、尼龙40%的混纺织物。棉的优点是耐磨、耐热、透气、吸湿和手感舒适，这在户外服衣料中其他任何织物都不能与之相比。尼龙的优点是抗拉伸、耐水、耐腐蚀、柔软、质轻。它们的结合刚好将各自的优缺点加以互补而成为野外探险最合适和最常用的面料。近来聚酯纤维和棉的混纺织物也被大量使用，使其用途更加广泛。这种面料通常结合多功能的设计，可以抵挡一般性的环境情况，如防风、防雨、防寒面料的物理、化学处理，像防水处理也只是抵挡雾水的程度，故它更多地用在日常化设计上，当出现强雨的天气还是要配合雨具使用。

在结构设计上也不能要求它十全十美，往往一种功能的诞生，它的负面问题也会同时出现。例如连体帽在使用的时候使视野变小，或许会影响左右的视线，因此在权衡各种环境条件的时候，可以将毛线帽、遮阳帽、太阳镜等附属品配合使用，可见配套户外用品也是现代户外服品质的特征。

登山防风雪夹克原本是为登山运动而设计的，合理主义的理念就是，它身上所有构成的元素都因为登山运动的野外环境、高山气候、运动特性、作业范围、可能的突发事件而存在，任何一个无作用的装饰尽管微不足道，不仅没有意义反而有害。这种"合理主义"的美国精神之所以越来越为更多的人所接受，无论是哪个阶层，哪种价值观、哪种职业，因为它完全迎合了高速发展的新技术、新材料、信息化和追求本色格调的生活方式，因此，登山之类的户外运动也不是什么登山运动员专门的运动项目，而成为大众体验野外生存的一种生活方式，登山防风雪夹克便成为飘逸着大自然芳香、提高公众生活质量的代表服饰。今天提起几乎是在冬季人人必备的羽绒服、防寒服来，谁也不会认为它是登山运动员的专属装备确是事实。重要的是合理主义所创造的这种"务实精神"，不要在生活化过程中被庸俗化，这是我们要警惕的，这就是我们在户外服的品质评价中为什么要坚守功能造型"可以不用但不能没有"的准则。

西装组合的半休闲风格

单件西装
内穿衬衣
牛仔裤
三接头系带皮鞋

夹克组合的休闲风格

针织衫组合的运动风格

休闲夹克
T恤衫
休闲裤
软底鞋

运动V领毛衫
内穿衬衣
休闲裤
运动鞋

图 5-24　派克装的休闲搭配

（三）羽绒夹克重塑"简约品质"的大众时尚

美国的轻文化为什么可以成为户外生活的普世价值，是因为它既可以把功能做到极致，又能将其推广到大众时尚，即便是冬季户外产品也不例外。美国 RE 公司设计的羽绒夹克可以说是在继承登山防风雪夹克的基础上，依靠充绒技术，根据冬季的休闲生活要求进行简化制造出来的。它的理念是要使冬季的休闲生活变得轻松愉快。在保持基本的经典结构（巴布尔夹克的标志性元素有插肩袖、按扣和拉链复合门襟等）以外做了优化处理，短款使腿部活动更加自如，最重要的是羽绒材料的充分而合理的利用，大大提升了人们冬季休闲生活的质量。

即使现在开发了多种保温材料，但是至今羽绒服作为防寒服保暖材料的王者地位仍没有改变。保证具有空气层的能力，质地轻、较大的恢复性能，根据外部温度自动调节体温等，仍是许多现代材料科学所不能达到的。同时前所未有的禽养技术和规模，使羽绒这些优势得以充分发挥和进入大众化的休闲生活。因此，它是设计优秀防寒服的物质基础。

这种现代技术的应用可谓将现代流行的轻文化发挥到了极致，特别是羽绒夹克甚至发展成为可随手携带的冬季外衣，这对于重文化风格的户外服领域几乎是不可想象的形制。

所谓羽绒，就是鸭子胸部生长的像棉花一样的羽毛，故也称鸭绒，它的构造和性质十分独特，其细密而分布均匀的纤维即使很少量也可保存大量地空气，这种性能越是在寒冷地带，保暖的效果越明显。也就是最好的保暖材料，是因为它有最多的空气层。更多的空气层使羽绒轻盈无比，通过挤压时体积变得很小，松弛时又可完全恢复而立刻产生空气层。它独一无二的性能是，可以适应外部温度来自动调节细部结构，这一点是其他合成材料难以超越的。羽绒这些出类拔萃的表现，使负重很大的冬季旅行变化轻松而快乐。

当然，羽绒也有它的弱点，即不耐湿，特别在湿度大的地域和天气是个大问题。羽绒一沾水或大量地吸湿，空气层会不断减少而其他的优点会一并下降，即使完全干燥后，也不会彻底恢复，保暖性能随之下降，这就是久穿羽绒服的防寒性远不如新羽绒服的重要原因，因此，羽绒服日常使用和保养要避水避湿，可以延长它的寿命。本来鸭绒表面是含油脂用来防水的，但是它经过精加工之后会大量丧失，因此在保养时也要必须使用专门的洗涤剂。另外，不能长时间挤压，即使是恢复力好的羽绒，压上半年也会影响性能，因此保持恢复力是羽绒的生命。为尽量保持其蓬松状态，最好放在宽敞的地方，折叠时要保持自然状态并放在衣物最上方。

作为设计者和开发商在设计、工艺和加工技术上要特别注意充分发挥羽绒的长处弥补其缺陷。这里对美国 RE 公司为我们提供的羽绒夹克加以分析，会加深对美国户外服合理主义精神的认识。

如图 5-25 所示，这件羽绒夹克采用戈尔特克斯面料（Gore-Tex），用尼龙线缝制。这种组合对羽绒特点的发挥是至关重要的。羽绒具有很好的透气性但防水性相对不足，戈尔特克斯这种面料既防水又透气，这意味着它比普通的尼龙面料（化学纤维）与羽绒组合会提升羽绒的防水防湿性，整体上具有更好的隔热效果。尼龙线的使用则发挥了它的强度、弹性、耐腐蚀的优点。

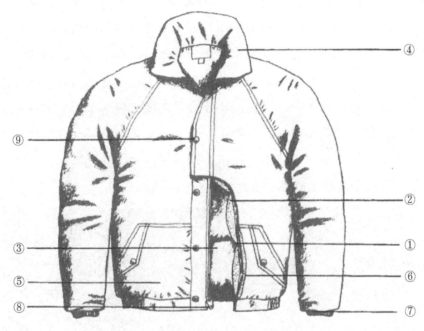

图 5-25 羽绒夹克细节设计与功用

包裹羽绒的内胆面料采用高密度的尼龙，它轻而结实、透气而不防水正好可以充分发挥羽绒轻盈透气的性能。但是尼龙面料表面滑爽不宜将羽绒均匀的包裹，因此在内胆中通常采用如图 5-25 ③所示的衍缝（rip stop）工艺，即在将羽绒均匀填充的基础上用网格式的缝型加以固定。这种工艺在羽绒夹克中效果十分明显而成为充绒式防寒服惯用的工艺手段。除尼龙以外，还有使用高支纱质地轻的棉织物，这一般是高品质羽绒夹克的标志，这通常也是英国版户外服的暗示（加入重文化元素）。

作为生活化（非野外的极端环境）的羽绒夹克，帽子的设计通常是权宜之计（如突然下雪刮风），头部的保护是采用独立的防寒帽（毛绒帽）。这时羽绒夹克帽子采用附加设计的手法，多采用非充绒的设计，连体和分体的都有，分体帽用按扣和竖领连接，它们不用时可以折叠成卷曲状放入羽绒夹克大竖领后边有拉链的夹层内。竖领同样放入羽绒充满（图5-25④），并在领前端设扣襻，寒冷时将领襻扣紧。

左右口袋的设计（图5-25⑤）要兼有暖手的功效，故口袋处夹层也要充绒（图5-25⑥）。袖口和下摆都采用松紧口设计（图5-25⑦与⑧）。这是借鉴派克套衫形制的结果，由于下摆采用松紧口，衣长在臀部的短款型成为运动夹克的典型，这也是运动型防寒服的一大特点。

前门襟的功能仍保留了登山防风雪夹克拉链与按扣复合设计（图5-25⑨）。这种结构对羽绒夹克实施御寒功能是十分有效的。

羽绒夹克与配服的组合方式与登山防风雪夹克相类似，只是由于一般冬季休闲环境要远比山地好得多，因此和内衣的组合趋于简化，通常汗衫、衬衫和毛衣或毛背心、牛仔裤、夹板鞋的组合就可以应对一般的冬季远足、考察、采风等休闲生活（图5-26）。这就是合理主义依据休闲目的的功能来决定组合形式，而不是英国的绅士休闲文化由身份来决定你的服装组合去选择合适的休闲项目。因此，像牛仔裤、派克装这些充满野性而平民化的服装一定会产生在美国而不会是英国。重要的是它并未被庸俗化，而以当年英国贵族的"务实精神"，重塑了一个"简约品质"的大众时尚，按今天时髦的词语，它绝对是可以影响现代绅士休闲生活的正能量，就如同当年出身渔民服的达夫尔外套征服了蒙哥马利元帅一样而载入绅士服史册。

图5-26　羽绒夹克的得体穿着

第六章

轻重文化衍生出
的两种经典

经典英美户外服的背后，孕育着一个庞大的户外服帝国。以英美文化的服装样式引领着户外服整体的时尚格局，而在这之前，两种文化相互的碰撞、融合就很频繁，在生活方式日益全球化与休闲化的今天，户外服的风格变得杂糅，英美的元素就不那么纯粹了，只在老道的绅士中还在坚守"英国血统"。总之当今社会背景下的户外服已经变成新贵们"无为而治"的家园。

即便"无为"，依旧有"治"，因为在户外服中优雅、得体、适当和禁忌四个评价原则仍然有效。所以对于一些经典户外服，无论是英国文化，还是美国风格都要有所把握，才能应对户外服广泛的社交生活。

户外服占据了人们着装生活的半壁江山，传统上我们认为，如果你懂得如何穿好礼服并了解其背后的社交信息，你已经可以成为一个"人前"绅士，即在社交场合看起来优雅，其实这种绅士更多的是做给人看的。只有当真正了解了户外服的本质时，这种绅士的体验才是留给自己去享受的。当你能够在户外服生活中做到收放自如时，一个人才算从一个"人前"绅士彻底转变为一位"全天候"的绅士。如果做到"休闲绅士"，英美的经典仍不可或缺，其中最值得一提的就是美国的派克和英国的巴布尔。

在对户外服轻重两种文化所了解后，我们以款式与功用这一新的视角将两种文化中经典户外服进行综合分析，整理出户外服的风格脉络，使两种文化所演化出的多重风格可以对户外服得到更全面的展示。

一、派克家族可以和"牛仔裤文化"媲美的美国精神

派克装作为美国户外服的代表,其地位与英国的巴布尔夹克堪称户外服轻重文化的双峰。但有所不同的是英国的文化让巴布尔一直固守着自己的传统,而派克装因时而动,不断地修改自身,以此向世界输出着美国的休闲文化。事实证明派克的交流和融合是使自身强大的重要因素,巴布尔难以屈尊降贵的固守反而会走向落寞。所以这也是为什么以派克为首的美国风格可以引领全球户外服时尚的原因。

派克装在发展进程中的不断演化形成了一个庞大的派克帝国。现在最流行的派克风格却派生于两种完全不同的样式。如果从现在的形制和面料来看很难将它们划为同一类型,一个对襟一个套头,一个机织一个针织。然而,如果追溯其历史去观察它的细节变化,我们就可以发现它们同宗同源的本来面目。

今天的派克(Parka)防寒服和阿诺拉克(Anorak)运动套衫均来自北极圈内涅涅族人的语言,只是在阿拉斯加地区的称作派克,在格陵兰的爱斯基摩地区称作阿诺拉克,这也是为什么阿拉斯加的派克打造成美国风格,而格陵兰的派克(阿诺拉克)塑造了欧洲风格的历史原因(图6-1)。在最初它们都是极地原住民的防寒服,之后各自有了不同的功能取向,派克装越来越偏向于防风寒服装,采用全门襟厚面料,阿诺拉克则趋向于防雨雪,采用半门襟套头形式和轻薄防水面料。正是这种功用上的趋势导致本为同一类的服装走出了两条不同的道路。重要的是美国将"原生态"的概念注入了现代意识与科技而推进着时代的休闲文明(图6-2)。

| 阿拉斯加派克 | 格陵兰的阿诺拉克 |

图 6-1　派克装的两种原始形态

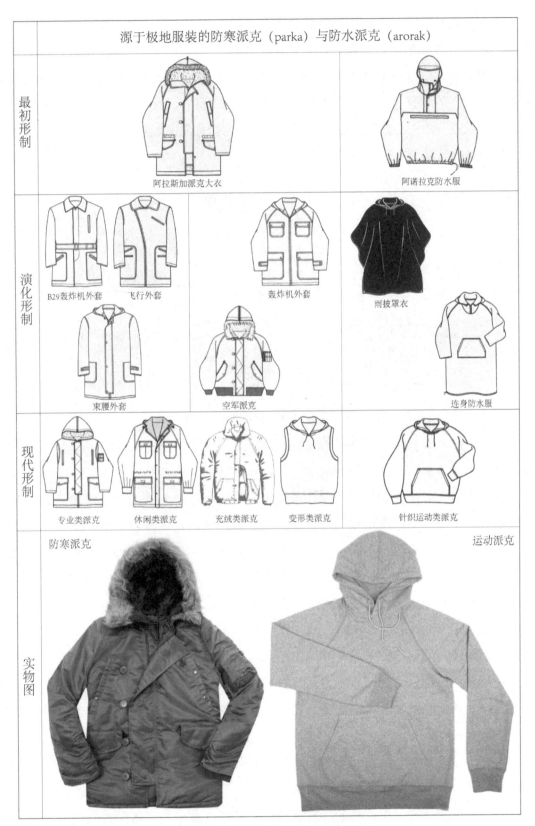

图 6-2 派克装的两大发展脉络

在派克风格中首先演化并走出极地的是阿拉斯加外套，原本是指北极沿海地区所产的用海狗的皮毛制作的外套，但是现在则是指用类似于阿拉斯加海豹皮的原材料制作的外套。当时这种外套的形制虽然已走出极地地区，但依旧是一种动物纤维制成的应对极寒天气的服装。并不适合大众所穿着，但在特种服装中却很有作为，特别是 20 世纪初时航空业的兴起，使得刚刚走酷寒地区的外套首先进入到了飞行服的领域之内。由此飞行员外套随即诞生（图 6-3）。

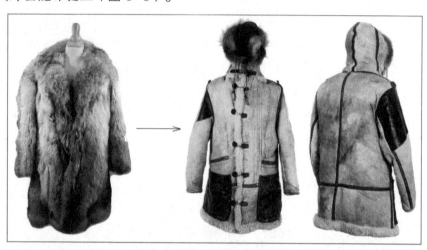

图 6-3　由极地服装演化出的早期飞行外套

阿拉斯加外套是飞行员外套的经典款。初次出现于 20 世纪的早期直到 30 年代的后半期为止都被穿用。原材料类似于阿拉斯加外套的皮质面料。但减少了出毛量，仅在连身帽边留有一条以便护脸，而这条皮毛也成为日后派克装的标志性元素。在设计上的特征，大的竖领通常都会带有毛皮，袖子是敞领的，大臂有护皮，腋下侧袋同样也是大的贴边带盖口袋，前衣身是衣襟重叠处较深的单排五粒纽扣，有的也会采用达夫尔形制的牛角扣，从腰部以上到肩是斜着剪切的，腰部用带有扣眼的腰带系住。还有后背里子和袖里子通常都会附带上毛皮，长度则以至膝的长度为主。而将这种外套改良之后的现代版则是在 1968 年左右出现的，其粗犷的风格很是引人注目。

派克装进入到飞行领域后，其衍生品大增，就飞行员外套这一脉络向下发展出现了一系列轰炸机类型的飞行服。因战斗机性能要求较高、操作速度较快，不太适合厚重的飞行员外套而发展成为空军派克类服装。而在航速较慢的轰炸机和运输机当中飞行员外套的延伸颇多。

首先是 B29 外套，指美军轰炸机（B29 轰炸机）用的短外套。它是带立领、隐藏纽扣式的暗扣制作，下部是大的带框滚边口袋，后发展成在框架式的贴口袋上作斜插式双嵌条的复合口袋。在右胸上附有纵切式的嵌条口袋，腰部用带扣的腰带系住，非常像女用外套（surcoat）的短外套。长度为腰长下 28~33cm（图 6-4）。

飞行条件的提高给飞行服提出了更多的要求，而驾驶环境的改变使得飞行服对保温性逐渐降低，导致款式逐渐由外套改变为夹克类型，于是轰炸机夹克诞生，其形制越来越贴近斯特嘉姆夹克的气球型罗纹形制（图6-5）。皮质类飞行服也成为飞行派克装演化风格的一大类。皮革面料在保持着原始派克装基本面料属性的同时也成为其走入时尚界最具美国化户外服的标志性元素，而成为绅士休闲服中具有冒险精神的标签（图6-6）。

图 6-4　美式 B29 轰炸机外套

图 6-5　罗纹夹克风格的轰炸机夹克

图 6-6　轰炸机夹克

轰炸机夹克作为特种飞行服其粗犷的风格使其最早进入了时尚界，并且一直风靡至今。它作为第二次世界大战美国空军轰炸机飞行员夹克，毛皮领是它最大的特征，且在内侧衬里也全部采用毛皮。在设计上根据各种部队和不同兵种进行独立设计。因轰炸机空间密闭性强于老式飞机，所以面料也放弃了之前飞行员夹克的厚重皮料，转而使用普通皮革制作后进行抛光处理的工艺。发展到后期的轰炸机夹克则更加精致，并成为美国总统接见美军的标准装束。偏时尚的轰炸机夹克，只具有早期的轰炸机夹克粗放的外形，发展成为今天的羔皮夹克，（图6-7）。

精致风格	粗放风格
轰炸机夹克抛光工艺与简化设计形成时尚版轰炸机夹克	轰炸机夹克翻毛工艺和面料改造设计形成粗放羔皮夹克

图 6-7　轰炸机夹克精致与粗放的两种风格

图 6-8　化纤的空军派克带来的轻文化时代

现代的派克装已经不再使用皮质面料，但由飞行员外套到轰炸机外套再到轰炸机夹克这一脉是唯一保持着派克装原始风貌的。由飞行员外套经历了第二次世界大战后，新型飞机的要求与新型面料的选择使派克装彻底抛弃动物纤维面料而进入高科技的轻型再生纤维面料阶段，这也使得美国风格的轻文化时代全面到来（图6-8）。

图 6-9　美国的现代空军派克

进入到20世纪60年代后，以美国为代表的飞行技术已经全面进入到了超音速阶段，传统的空军派克已无法适应高载荷下对人体保护的要求，更加专业的派克成为飞行员着装的全新概念，新一轮的"时尚派克"也一定由此而来，因为"轻便、功效和冒险"仍然是未来由美国主导的运动时尚主题（图6-9）。

　　另外一支被空军放弃的传统派克则完全进入了时尚界，成为防寒服，它是美国轻文化冬季服装的代表，它成为完全可以和"牛仔裤文化"媲美的首选。形制依旧模仿美国空军军用防寒外套。最为经典的款型又被称为 B-49 外套，其特征是带有兜帽，双层前门襟，里侧为拉链，外侧为纽扣，大的贴边口袋，长度至膝。面料以化纤面料为主，里子和兜帽则使用被称为腈纶系的长毛绒。这种充满"人文关怀"的概念被丰富化，有长款、短式，单一功能、复合功能，由此在 20 世纪五六十年代渐成一个美国务实精神的派克帝国，重要的是它成为今天大众化品位休闲的标志（图 6-10）。

空军风格　　　　　　休闲风格　　　　　　羽绒风格

图 6-10　派克的各类风格

　　阿诺拉克是派克鼻祖的另一支。在极寒地区同一类型的服装分为两种风格，其背后是一直以来的气候因素在影响。在北美大陆西岸的阿拉斯加地区气候较为干燥，呈现干冷的生活环境状态，所以其派克装以抗寒为主。而在东岸以及格陵兰岛的区域受大气环流的影响终年有较多雨雪，使得阿诺拉克拥有良好的防水性。而套头的结构可以保证对衣身排水的全方位保护。所以是气候造成了两者在面料、款式和结构上的分离。

原始的阿诺拉克是从爱斯基摩人用毛皮制作的带有风帽的防寒上衣发展而来。阿诺拉克（Anorak）这个词语本来是格陵兰岛的爱斯基摩人所使用的语言，而在阿留申群岛中居住的爱斯基摩人则将同样的东西称为派克（Parka），并在时尚界流行甚广。因此，今天一般指用各种防水布制作而成带有风帽的夹克称为防水派克或阿诺拉克。早期的阿诺拉克多采用装袖，但已有插肩袖风格，胸腰处有简单的护手口袋，少数款式依旧保留着派克形制的毛边，而共同的特点是保持套头式收紧拉绳的连身帽（图6-11）。

进入20世纪50年代随着飞行夹克与斯特嘉姆夹克的风靡出现了插肩袖形制，而衣长的长短也有所变化，出现了复古的长款防水夹克（Anorak Jacket），也称作连帽防风衣（Cagoule）。面料使用涂有橡胶防水层的尼龙布料，也称"露营夹克"。后被引用到运动服中而拓展到针织面料的运动服（图6-12）。

图6-11 原始风格的防水派克

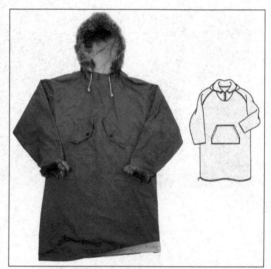

图6-12 防水套头派克是今天针织运动衫的前身

今天的套头针织衫和套头防水夹克对休闲时装影响深远，成为户外运动时尚的标准化称谓之一。在款式上不仅有套头式，也有前开襟式。在面料上有皮革、机织物，针织面料的广泛使用，使它的传统皮革面料被忘得一干二净，无袖的马甲针织派克也随即出现，成为最具大众化且不失品位的户外服（图6-13）。

如果我们不对派克装进行历史脉络的梳理是很难想象这种极具现代感的针织运动套衫其实是从原始的极地服装演化而来，无论是飞行夹克，还是针织套头衫其形制与原始派克和阿诺拉克差异如此之大，但它们有一个共同的"冒险基因"，也可以从中体会出美国"存在主义"文化的户外服多变与不确定性的特点。

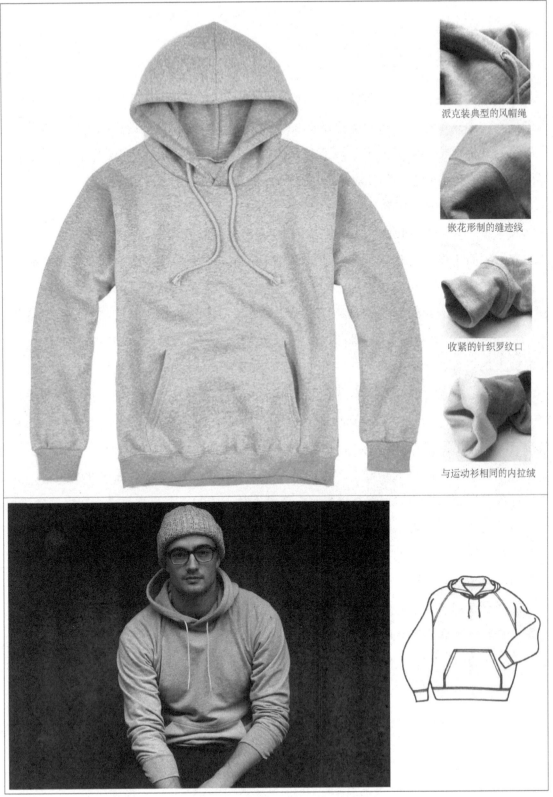

派克装典型的风帽绳

嵌花形制的缝迹线

收紧的针织罗纹口

与运动衫相同的内拉绒

图 6-13 现代经典针织运动套衫来源于古老的阿诺拉克派克

二、让男人可以进入保险箱的巴布尔和 它的两个"兄弟"

巴布尔沁蜡夹克作为英国重文化的代表，其风格发展与美国文化的派克装有着很大的差异。固守本色是巴布尔夹克从诞生之初至今已有100多年的英国精神，其形制并未受到其他风格的影响而发生改变。只是针对于不同需求进行小范围的风格调整，形成了自身的各种风格。它与派克最大的不同是以贵族狩猎生活而展开的专门化设计，完全是一种小众的曲高和寡。

其中波弗特（Beaufort）风格是巴布尔自身风格中最受欢迎也是最为经典的一个款式。其后还有下摆延长足以取代风衣的鲍德（Border）风格，下摆的加长使得鲍德风格的巴布尔设计有了更大的口袋，增加了携带能力。休闲娱乐型巴布尔（Gamefair）是号型最小的，因此深受骑马者和年轻女士的喜爱。厚重织物所制成的荒野夹克莫兰德（Moorland），其形制与波弗特接近，但颜色采取荒草中的褐色，且只有这一种颜色，在多数人都穿着波弗特的情况下想要与众不同，那么荒野夹克是很好的选择。应用更加保暖的羊毛加涤纶混合面料的诺桑比亚（Northumbria）是巴布尔沁蜡夹克的冬季风格。度拉姆（Durham）和拉链风格（Solway zipper）更强调野外性，搭配连身帽、复合拉链与一体化腰带，明显受到了派克的影响，提升了个人习惯的功能性。

在巴布尔个性风格的基础上，根据不同的工作种类又出现了更加专业的风格。受防水连身派克装影响的防水巴布尔套头夹克是为数不多的英国风格对美国风格的借鉴。改开放领为闭合领，加入斜口袋设计的机车风格使得巴布尔夹克可应用到驾驶运动。无袖的马甲风格和超短的钓鱼风格都是巴布尔夹克针对不同运动的应用所研发的专业类巴布尔沁蜡夹克（图6-14）。

虽然巴布尔夹克自身保守，但作为英国的经典在设计上对其他户外服的辐射力相当大，作为户外服主流的美国风格也深知经典的力量，在细节上频繁向英国元素靠拢，使得户外服的两大风格又有了相互融合的一面（图6-15）。

图 6-14 巴布尔沁蜡夹克的个性化和专业化风格

图 6-15　巴布尔对其他户外服在细节上的辐射效应

基于经典文化的引领效应，各大成熟的户外服国际品牌都无法忽视它的巨大魅力。巴布尔元素成为户外服奢侈品仿制的标杆（图6-16）。

固守自身阵地的巴布尔也在全球时尚化大思潮下有了自己的变化，但却是小心翼翼，特别是款式，一直稳定如初。在用色上老牌巴布尔开始尝试用一些软色调系统，弱化自己的古典风格，面料上也不再只采用沁蜡棉布，这让巴布尔夹克向着时尚化年轻化迈进了一步。而其他品牌对经典的模仿一直未有停止，但对巴布尔经典元素的固守是绅士文化的精神家园，正因如此，无论是男人还是女人只要拥有了它，便进入了品位休闲的保险箱（图6-17）。

图6-16 国际品牌对巴布尔元素的模仿

图6-17 巴布尔品牌是休闲绅士的精神家园

巴布尔风格不去固守就要创造新的经典，这也是为了丰富重文化并与美国强势的派克家族分庭抗礼，这就是由巴布尔派生出来的两个"贵族兄弟"。根据巴布尔内穿马甲形成的赫斯基夹克（Huskey Quilting）和瑟法里（Safari）野外夹克。

赫斯基夹克的诞生源于巴布尔夹克众多功用的细节，复杂的巴布尔细节使得一些辅助配服也演化成了现代的户外服，同样承袭着巴布尔贵族的血统，这就是赫斯基夹

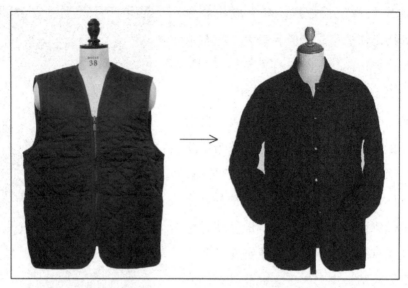

图 6-18　源于巴布尔内胆的赫斯基绗缝夹克

图 6-19　与巴布尔（右）共进
退的赫斯基夹克（中）

克的出处。一直以来英国风格的户外服并不加入现代工艺的充绒技术，只依靠内穿的毛衫或针织类服装进行保暖，但随着日后充绒技术的广泛应用和美国轻文化的影响，巴布尔也吸取了此类技术，使得它在其内胆尝试采用现代充绒绗缝的工艺，但仍然保持着经典的外貌。早期的巴布尔内胆只能随主服一起套穿，通过纽扣或拉链固定在一起，而后逐渐出现了可单穿的内胆，即绗缝背心。此后又加入了领子和袖子，使得绗缝背心成为可以单独使用的户外服，即赫斯基夹克，也称绗缝夹克（图6-18）。这种大胆使用充绒绗缝的美国语言可谓是英国风格的现代轻文化。最重要的是它在巴布尔（贵族）光环的笼罩下内衣外穿化，配服变主服的结果。因此它们保持了英国的贵族血统，它与派克相比象征意义大于实际意义，这一点在品位休闲的社交中派克们不能与之相比（图6-19）。

巴布尔风格的另一个经典款式是极具传奇色彩的瑟法里野外夹克。它的传奇在于它的身份来历和发展历程。它是模仿英国、诞生于美国、时尚于法国的探险夹克。虽然它充满着美国的冒险精神，但它的形制风格始终抹不去巴布尔的韵味。

瑟法里夹克又称猎装夹克、森林夹克或布什夹克（Bush Jacket）。究其瑟法里，它的本意是野生动物园的意义，从其名称就可见其野外风格的属性。它的存在永远伴随着狩猎、探险、垂钓、园艺、远足等户外活动。它因美国名绅莫顿·斯坦利在1871年非洲丛林沙漠的探险的穿用而成为探险家的标志。非洲干热的气候，衬衫便成为它的基本形制出现，而后受到英国巴布尔风格的强烈影响，四个大贴袋和独立腰带就是最明显的标志，巴布尔是适合美国本土湿冷气候的猎装夹克；瑟法里则是应对非洲干热气候的探险夹克。在20世纪后成为美国中上层社会科学家探险家的经典装备，可以说它是美国版的巴布尔夹克。正因它准确到位的功用元素表达，造就了它作为一款美国产户外服在英式风格中的经典地位。

在美国诞生，运用英国元素的瑟法里一直被作为绅士野外作业服来使用，而将其时尚化的是著名的法国设计师伊夫·圣·洛朗（Yves Saint Laurent）。这并不奇怪，圣·洛朗因出生于法属非洲的阿尔及利亚，童年时的非洲生活经历使他对瑟法里有着很深的感情，而倾注在对女装瑟法里的设计与改造中，成功地将一款户外服推入到现代时尚界，时至今日依旧成为品位休闲的经典（图6-20）。

瑟法里深受巴布尔的影响，就是秉承了英国"重文化"的纯粹性。如采用军服肩章固定背带，单设腰带来调节腰部松紧度，多个（一般为四个）有褶的风琴贴袋，大容量地携带户外物品。面料采用100%的棉，经过水洗打磨后变得结实、轻便、透气、舒适，决不用尼龙面料。所有颜色都模拟自然色设计，卡其色用于沙漠探险，褐色或橄榄色用于丛林，并且采用天然色色素侵染，显得陈旧如初，这些简直就是巴布尔沁蜡技术的翻版。无疑这些都打上了英国绅士的标签。可以说瑟法里的休闲品质是因为巴布尔而经典，是因为美国而惊险，是因为圣·洛朗而有活力（图6-21）。

图6-20　伊夫·圣·洛朗和"瑟法里"女郎

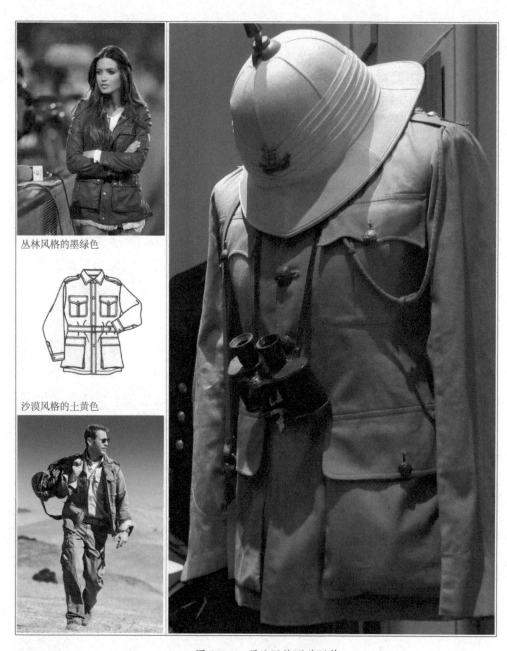

丛林风格的墨绿色

沙漠风格的土黄色

图 6-21 瑟法里的野外风格

| 第七章 |

现代户外服新贵

  第二次世界大战在服装发展史上是个节点，这使人们一切奢侈的理念与行动都回归了理性。因此今天的国际着装规制（THE DRESS CODE）的简约和务实精神就是第二次世界大战锻造的。如果我们把英美的轻重文化打散再去观察户外服的话，之前所讲到的派克和巴布尔风格可看作是战前经典的风格，那么包括派克和巴布尔在内的户外服减短就成为必须考虑的问题。因此，短夹克就成为战后非常活跃的风格。战争时期用最少的资源达到最大的功效，这一制衣理念本身就具备了形成精良设计的条件，这就是那些通过第二次世界大战锤炼出来的夹克户外服，它们虽然历史不长却款款精致、洗练、大气，成为现代户外服的新贵。

一、构成现代运动户外服格局的三种经典夹克

战争对资源的高效利用使长款户外服不再适应战时的要求，这才导致了短款及臀、收紧下摆、完全解放腿部活动的短夹克应运而生。有关短夹克的文献描述中含有大量的美式词汇也表明了其最初盛行之地一定是充满冒险与开拓精神的美洲大陆，其实具有拓荒者乐园的美洲大陆，形成了远远领先于欧洲大陆的（工装）夹克文明和传统，再经过战争的历练，便成为左右休闲时尚世界潮流的风向标。当然工装这一词汇在面对庞大的社会劳动者中显得过于笼统，但如果我们把军人、运动员、牛仔、工人等所从事的工作都看作是一种劳动的话，那么他们的着装就能划为工装的范畴之内了。不同行业之间的服装，有的相对独立，有的相互影响，而在短夹克中坚守传统又经历了第二次世界大战的洗礼，成为"圣男"的莫过于牛仔夹克、斯特嘉姆球场夹克和肖特机车夹克这三大类。这可以说是秉承派克和巴布尔传统的"轻重文化"的集大成者，而成为现代户外服格局的全新贵族。

短夹克从第二次世界大战以后演化形式多种多样，并取代了外套作为户外服的主导地位而走向大众化。它们的历史并不久远，却经历多舛，特别是通过战时的洗礼在不长的时间内迅速成为经典。作为户外服的主体虽有众多款式，但它们几乎都从这三类经典夹克风格中发展融合而来，在夹克户外服中无时无刻不存在着它们的影子。因此，以帆布为特点的牛仔夹克，以罗纹口味特点的斯特嘉姆运动夹克和以皮质面料为特点的机车夹克，作为运动夹克的经典构成了现代户外服新贵的基本格局（图7-1）。

二、牛仔夹克从美国的底层文化到英国的高贵质素

帆布牛仔夹克的诞生可以说是一个时尚文明的产物，特质就是回归"时尚理性"。它采用厚实的牛仔工装夹克面料，艾森豪威尔夹克的超短样式，再加上"反英雄反社会"的战后青年思潮，成功地创造出了牛仔夹克这一恒久的时尚经典（图7-2）。而随着时代的演进，看似单一的牛仔夹克也在不同时期产生了各种流变风格，而其中大多数在现今的时尚生活中被淡出舞台，只有经典被保留了下来，而我们并不像了解501牛仔裤那样了解它。

图 7-1 三种经典夹克成为现代户外服的新贵

第一款牛仔服可以追溯至 19 世纪 70 年代，其成长步伐紧随牛仔裤之后。李维·斯特劳斯（Levi Strauss & Co）生产的第一款铆接牛仔夹克因其在生产设备和面料上的特殊专利技术，而在牛仔文化的一开始便占据先机。李维斯公司在牛仔夹克诞生之初就设计出了短夹克的款式，但这具有反叛色彩的形制趋势浮浮沉沉，直到 20 世纪 30 年代后才被接受。到了 50 年代随着社会背景的改变，短夹克才成为纨绔们的标志性时尚。

图 7-2 定型的经典牛仔夹克

图7-3　早期李维斯广告的
多种牛仔服形制

而在这之前牛仔夹克也经历了套装、制服、衬衫、甚至还有外套（图7-3）。

面料始终决定着牛仔夹克的走向，让一种工作用面料去套用到外套和套装的形制显然违背了服装功用和社交的规律，户外工作劳动的环境才是丹宁布生存的土壤。牛仔服回归到工作服的行列是它必然的归宿。第二次世界大战前牛仔服盛行长款、大贴袋、不收底摆，整体松散无型，这种底层人的不修边幅也成为一种时尚风格。因此有苦力夹克的说法。可见当时还未形成以短夹克为特征的时尚概念，第二次世界大战便成了一个契机。

第二次世界大战的暴发，盟军总司令艾森豪威尔（Ike jacket）经常穿着的短夹克军装对其影响不可不谈。艾森豪威尔夹克摒弃了之前军服夹克硬朗但并不舒适的立领形制，借鉴了防风服常使用的翻领，使颈部活动更为自由，立起又有防护作用，衣长变得超短，成为夹克中最短的而被牛仔夹克继承下来。由于衣长过短使得腰带变为下摆的束边带，V形翻领、胸部大号花式贴袋，衬衫式袖卡夫，暗扣式前襟成为艾森豪威尔夹克的标志性特征，大部分也被牛仔夹克沿袭着。衣长在所有工装夹克中最短而被大家所熟知。Ike 是当时的德怀特·戴维·艾森豪威尔（Dwight David Eisenhower）的爱称，从造型和时间上看，它对之后崛起的牛仔夹克影响深远，并且下摆束边带的形制也开创了未来针织罗纹束边和球形工装（balloon shape blouse）的新思路，是第二次世界大战后对夹克形制定型影响最关键的款式（图7-4）。

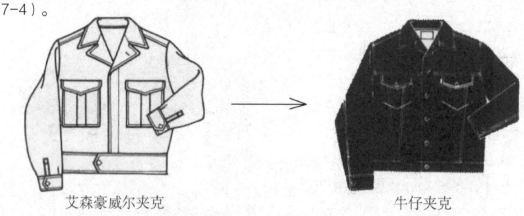

艾森豪威尔夹克　　　　　　　牛仔夹克

图7-4　牛仔夹克与艾森豪威尔夹克

艾森豪威尔夹克并没有留传下来，而在牛仔夹克中发扬光大了。短款、收缩下摆、厚实紧凑、明显的前后过肩线与 Y 形分割线组合的风格，形成了牛仔夹克的标准件。而让牛仔夹克成为现代经典户外服的契机，是发生在战后的 20 世纪五六十年代的年轻风暴思潮，并成为它的标志物（图 7-5）。

图 7-5　标准经典牛仔夹克

　　牛仔裤是最具传奇的男装经典。最初它不过是体力劳动者的劳动服，普遍认为它是牧场牛仔、码头工人，或者咖啡、砂糖种植者等体力劳动者在工作中所穿的一种工作服。这种简单的工作服成为人们不可抗拒的超级时装是在 20 世纪 50 年代以后。因为这个时期诞生了对战后的年轻人生活习惯产生巨大影响的那个时代的时尚英雄人物。像马龙·白兰度（Marlon Brando）、詹姆斯·迪恩（Janes Dean）、埃尔维斯·普莱斯利（Elvis Presley）等。蓝色牛仔服就随着这些勇士们的登场而成为这种价值观的符号，紧接着就出现了以牛仔风格为代表的"不良少年"的追随者，突然之间"牛仔风格"便成为社会聚焦的目光和时尚潮流，并作为一种全新的生活方式而生根。

　　这个趋势到了 20 世纪 60 年代的后期有增无减，终于在大众范围内，牛仔夹克几乎不分男女、不分职业，成为全世界年轻人标志性装束，并出现了以"牛仔风格"为代表的时尚先锋，如约翰·列侬（John Lennon）、鲍勃·迪伦（Bob Dylan）、彼得·方达（Peter Fonda）等。特别是约翰·列侬的影响极大，在一段时间中他不管公私、不分场合都像穿制服一样穿着那件"创世"以来的李维斯夹克，因为它代表着反体制思潮的先锋（图7-6）。

图 7-6　白兰度与列侬通过牛仔夹克引领反叛风尚

　　列侬之后这种牛仔夹克从单纯的"反体制"时尚先锋的符号迅速向青年大众中扩散，而上升到作为一种时代生活方式的象征而扎下根。从这个意义上讲，牛仔风格的生活方式就像常青藤联盟的精英们所喜欢的"常青藤风格"最终成为社会崇尚高雅生活的价值观一样，如果这样认识的话，牛仔夹克即便卑微的出身而被上流社会所接受也是理所当然的，这种例子举不胜举。

　　由牛仔夹克而衍生的样式也相继有了自己的形制，而成为一种时代的牛仔文化。其中以美国自身的劳动者风格和与欧洲融合后的英国风格为牛仔夹克现今的主要形式，而美国的劳动者风格成为绝对的主流，其中以西部风格、牧场风格和外穿衬衫风格为主。它们最大的特点是保持着外穿衬衫的基本形制，依据不同的工作需求而产生不同的劳动元素（图7-7）。

西部夹克   牧场夹克   牛仔衬衫

图7-7 牛仔夹克衍生的美国"劳动者风格"

西部夹克（Western Jacket）是由西部影视作品派生的概念牛仔夹克，其特征为面料采用起毛皮革，长领角型（finger tip length）衬衫领（shirt collar），长长的流苏

是它的标志性元素，但它并不是装饰，作用类似于堑壕外套小披肩补丁的阻湿排水作用，而牛仔夹克中前肩的育克分割线正好为肩部流苏的介入提供了结构上的方便，这种流苏形式在现今排水的功用上已不再重要，转而成为西部牛仔狂野风格和都市青年玩世不恭的时尚标签（图7-8）。

图7-8 控水流苏所带来的西部狂野夹克

牧场夹克（Ranchero Jacket）源于美国西部的农场文化，它是牛仔夹克工装化风格的最好体现。它最初为墨西哥及美国西南部牧场劳动者所穿的工作服，后来成为都市中年轻人驾驶兜风的轻便夹克（Casual Jacket）。它最显著的特点是放弃了第二次世界大战后牛仔夹克所采用的前身Y形结构线两袋形制，回归到初始功用的四袋形制，增加了重要物品存放的安全性，下摆口袋有的选择水平贴袋，增加携带功能，有的选择斜插袋，用于暖手。可开关的巴尔领（bal collar），或单排扣门襟衬衫领，金属纽扣

和腰部调节襻仍保持了牛仔夹克的基因。它们作为时装流行于 20 世纪 60 年代中期，由于普及迅速，其他面料如仿麂皮、翻毛羔皮的采用也丰富了牧场夹克的类型，向着野外夹克风格发展（图 7-9）。

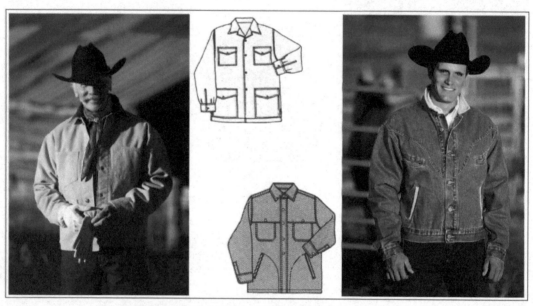

图 7-9　牧场夹克是牛仔夹克的生态回归

牛仔衬衫（Denim Shirt）在早期的牛仔服中就有体现，现代的牛仔衬衫弱化早期功用所产生的粗放性，更加贴近内穿衬衣的收缩紧身的简约风格。使得牛仔衬衫的味道从野外工作转向了城市休闲的方向上来，成为牛仔夹克最温和的一种（图 7-10）。

另一大类是牛仔夹克中的英国风格，这也是英美轻重户外服文化碰撞的典型案例。

图 7-10　牛仔衬衫

在第二次世界大战结束后，美国启动了马歇尔计划，开始对欧洲（西欧）进行全面援助。而在这些国家中英国所获得的援助项目最多。随着资金、人员、物资源源不断地由美国运送到英国，自然也将美国的文化输入到英国国内，服装也是其中之一，而代表性的就是牛仔文化。

在牛仔服装诞生之初，保守的英国人对这类服装是持排斥态度的。其根本在于高贵的英国文明根本不接受平民化的美国时尚，而且牛仔装本身即便在美国时尚中出身卑微而粗野，更不可能被英国和欧洲的主流所接受。但经历战争后人们已逐渐发现世界新的中心已不再是欧洲，而转向一片新的、充满活力的美洲大陆，这时的英国人对美国文化的态度发生了改变，开始逐步接受这种年轻却又强势的文明，难以抗拒的美国时尚开始走上欧洲舞台，牛仔夹克开始穿在了英国年轻人的身上。然而让英国人就范，不能照搬牛仔的"劳动者风格"。因此，美国向英国输出自己牛仔文化的同时，依旧不忘提升自己的品质，最好的方法就是向自己的祖先英国效仿，借鉴英国贵族经典的户外服巴布尔符号安置在自己的产品上。

随着英国人接受牛仔夹克到美国人添加的英国经典元素，这之间的默契使得轻重文明在牛仔夹克上产生了升华，比如在牛仔夹克中借鉴巴布尔的灯芯绒领子，加入达夫尔牛角扣的门襟等。这种将美英轻重文化结合的自然而天衣无缝的牛仔夹克在欧美两片大陆都受到的广泛的欢迎，特别受到上流社会的推崇，就是在美国本土都以穿着灯芯绒领的牛仔夹克，宣示着即便是牛仔夹克也是优雅的高贵血统。由此牛仔夹克从此有了英国身份（图7-11）。此后如此英国风的样式又随着美国的强势输出，成为世界休闲夹克中的经典。

图 7-11　美国上流社会让牛仔夹克加入英国血统

英国风格作为重文化，虽然经典，但却处于户外服的弱势一方，在流行领域也不得不向美国风格低头而被迫（也会主动）去选择；美国风格虽为轻文化，却在户外服流行上属强势一方，但又因历史短浅而显得底气不足，频频在不触及原则（原则就是美国户外服以便捷性、实用性、功能性为准则）的前提下向英国借鉴经典元素以提升自身品位去向英国靠拢。这两种风格之间若即若离，既相互对抗又彼此交融的关系更加模糊了轻重文化的固有界限，从而产生了精妙之作，让户外服的质素与风格变得更加富有魅力（图7-12）。

图 7-12 增加英国血统的牛仔夹克

三、斯特嘉姆夹克——常青藤贵族

斯特嘉姆夹克，这个伟大的常青藤文化符号是怎样炼出来的，任何赞美之词都不过分。它有英国的背景，劳动者的朴实，又经过第二次世界大战的洗礼，进入常青藤名校便华丽转身。如果说在第二次世界大战中诞生的牛仔夹克、白兰度夹克和斯特嘉姆夹克三种经典户外服都出身平民，而最后真正成为贵族的，只有斯特嘉姆夹克（图7-13）。

图 7-13 斯特嘉姆夹克

斯特嘉姆夹克是球场夹克（Stadium Jacket）的音译，因其带有强烈的美国校园文化，又称为棒球夹克或校园夹克。初入校园时原本是替补选手的保暖服，后因成为常青藤名校俱乐部标志性的服装，受到世界时装界的追捧而备受年轻人的欢迎。在进入美国之前，最早出现于 1916 年，在欧洲作为工服被广泛使用，进入美国是在 20 世纪 30年代后期开始的，到了 50 年代风靡美国校园。

成为校园夹克虽说设计上是多种多样的，不变的是它的"运动语言"，衣身和袖子用两种颜色，是它的最大特点，而这种设计并不是因为运动，而是来自于原始的衣袖对应皮棉面料的差异，增加袖子的耐磨性和强度。在胸部和后背正中配有所属团体的名称、徽章之类的标记则来源军服的标识番号。还有一个标志性的元素就是领子、袖口和下摆用罗纹织物，这就是罗纹夹克的由来。在前门襟由运动方便脱穿从原来的拉链变成了子母扣，口袋选用和衣身的颜色对比鲜明的滚边式口袋，这些都成为识别地道斯特嘉姆的密符。面料原则上使用再生毛的麦尔登呢类型，袖子使用皮革，或者颠倒使用，这些都是由原始的工装罗纹夹克演化出的英式巴拉克塔高尔夫夹克和现代校园夹克，而成为斯特嘉姆夹克的大家族（图 7-14、图 7-15）。

美国校园风格
（哈佛标志的斯特嘉姆夹克）

袖身撞色
或撞面料
的装袖形制

校园标志的
大号字母标识

领、袖、下摆
三缘罗纹口

子母按扣门襟

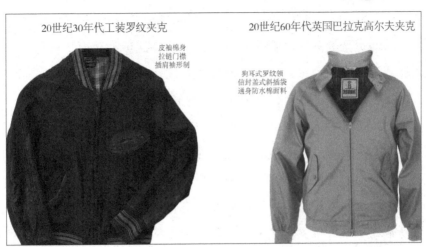

20世纪30年代工装罗纹夹克　　　　20世纪60年代英国巴拉克高尔夫夹克

皮袖棉身
拉链门襟
插肩袖形制

狗耳式罗纹领
倍封盖式斜插袋
通身防水棉面料

图 7-14　经典斯特嘉姆夹克的前世今生

空军版

高尔夫夹克
(英国风格)

工装版

校园夹克
(美国风格)

军装版

20世纪30年代最初工服形制　　20世纪40年代战争形制　　20世纪五六十年代休闲形制

校园风格成为现代
斯特嘉姆夹克的主流风格

图 7-15　斯特嘉姆夹克的发展历程

　　三缘罗纹夹克是斯特嘉姆夹克的另一个称谓，是指领缘、袖缘和摆缘都采用罗纹织物制作的夹克，这种形制首次出现于 20 世纪初。富有弹性可收紧的罗纹口结构的应用是球型夹克形成的基础，也就是说，今天的 D 形夹克，斯特嘉姆夹克可称得上鼻祖了。这种廓形相比其他类型的夹克，在收紧所有边缘保持温度的同时，膨胀的衣身会使运动自如身体舒适。收紧的袖口、领口和底摆对劳动者起到很好的保护作用，同时又方便了劳作。所以在 20 世纪 30 年代普遍应用到城市的工服领域。

　　1908 年建立的美国供热公司（HERCULES），在业界产生过巨大的影响力，其在 20 世纪 30 年代末所用的三缘罗纹夹克工服在服装界留下深刻痕迹。基于安全的考虑早期形制采用拉链门襟，插肩袖形式，衣身应用毛织物保证体温，袖片采用皮革，最原始的为马皮，以增强工作时肩、肘、腕部的牢固。进入 20 世纪 40 年代，第二次世界大战的爆发带动了一大批夹克的发展，其中就包括斯特嘉姆的前辈们。这种罗纹夹克自然而然地进入到相关战争的各个领域，从前线的作战服到后方的工作服都有它的影子。面料与款式也针对不同的工种有了各种变化，全皮面料、机织面料、针对飞行用的化纤面料均有采用，装袖、插肩袖、拉链、纽扣门襟也都被采用。丰富的款式为日后走入时尚界打下了基础（图 7-16）。

| 皮质面料 | 化纤面料 | 棉质面料 | 细针织衣身 粗针织袖子组合 |
| 加拿大空军俱乐部夹克（1940） | 美国空军飞行夹克（1944） | 美国陆军后勤夹克（1944） | 美国校园运动夹克（1950） |

图 7-16　第二次世界大战时期罗纹夹克的各种演化形制

经历了战争的洗礼，斯特嘉姆夹克全面进入到了时尚界，此时英国人也对罗纹夹克产生了兴趣，开始对美国经典进行了英国化的复制与改造。最具代表性的是英国曼彻斯特雨衣生产商巴拉克塔（Baracuta）公司标志性的高尔夫夹克产品，这个出现在 1948 年高尔夫夹克标志性的产品，成为户外服历史上现代高尔夫运动服的经典（见图 7-15），与美国麦克格雷格（McGregor）公司的防风雨夹克并称为两大高尔夫夹克的奢侈品牌。设计上它们的共同特征是罗纹口，英国风格则让人想到狗的耳朵的防护领，这种罗纹领设计的区别也是英美文化在罗纹夹克中的不同体现（图 7-17）。后背伞状折翼式防止雨滴的背罩，还有纽扣固定信封状的斜带盖口袋，宽松的插肩袖以及袖口和下摆经过针织处理。布料是有光泽的高档棉质府绸，衬里通常有红色的苏格兰格子花纹。这些纯正的英国传统元素都证明了一点，

罗纹口形制

| 英国风格（狗耳领） | 美国风格（强尼领） |

图 7-17　英国效仿美国的罗纹夹克

要想在英国本土生根，一定要加入贵族的基因和走专业化路线。因此斯特嘉姆夹克在英国看来不是校园夹克，也不是运动夹克，而是专门用作高尔夫球场的专属品。这也是美国版的斯特嘉姆夹克为什么可以成为年轻人的时尚，到20世纪60年代竖起一面时代风尚的旗帜，到70年代的中期又作为大众休闲服普及起来。在80年代进入日本并呈现出一种以此为标志的亚洲青年热潮的景象，而现在成为日本众多高科技产业内部科技人员的标准制式工装，这种罗纹夹克始于工装，在80年代后又归于工装，可以看出人们对传统态度有趣的轮回。而英国版的高尔夫夹克没有那么幸运，而成为在那些很难明世的贵族之间交流的古董。

图7-18 叛逆风格的横须贺夹克

另一类风格是横须贺夹克，也称为韩战纪念夹克，这使斯特嘉姆在亚洲的传播功不可没。第二次世界大战后美国士兵驻扎日本横须贺市，用当地缝制军用降落伞的布料，加入日本刺绣形成的刺绣罗纹夹克，这种别具新意的夹克，就是今天卡通罗纹夹克的鼻祖。横须贺夹克将东西方文化融合，在战后广为流行，是斯特嘉姆夹克特别的时髦衍生品，在20世纪50年代的电影中时常见到它的影子。它以特殊的面料与反常规的配色使其成为叛逆风格的另类，斯特嘉姆包括高中生在内的都市少年们对它倾注了极大的热情。这样的背景，使它与英国版的高尔夫夹克完全走向了反面，这让常青藤们敬而远之（图7-18）。

今天最炙手可热的美国校园风格的斯特嘉姆夹克，是因为它坚持着"常青藤精神"，就是朴实与争先的精神。它在20世纪40年代末进入美国校园，初进校园时依旧保持着三四十年代的工装风格，依旧是传统皮质的插肩袖。而为了穿脱方便与运动安全，拉链被子母按扣取代，实际上子母扣一直作为棒球服的标志而存在，这也是为什么斯特嘉姆夹克并非来源于棒球运动，却被另称为棒球夹克的原因。此外代表着美国校园文化的大号字母成为斯特嘉姆的标准配置之一，这与横须贺夹克中刺绣图案多少有些颓废不同，事实上它是从族徽衍生出来团队精神的象征。关于它的字母标识可谓历史悠久。1865年，美国哈佛大学将代表学校的字母"H"缝在学校棒球代表队中表现优秀的队员衬衫上作为表彰（见图7-14）。这种独特的授勋仪式很快在美国高校间流传开来，成为常青藤名校的传统，也走进了包括高中的校园。从绣字母的衬衫、毛毯、毛衣到运动衫、T恤，一路走到了今天，成为校园文化的标志。如今在美国主流学校都保持着这个传统，将印有本校名称首个字母的斯特嘉姆夹克赠予在体育、艺术甚至学术方面成绩突出的学生作为表彰纪念，让拥有一件本校字母标示的斯特嘉姆成为莘莘学子的一种荣耀（图7-19）。

20世纪80年代美国"学院风"盛行，斯特嘉姆夹克作为常青藤风格中美国校园文化的代表毫无意外地走出了校园，走进了时尚，让充满活力的年轻人时尚注入了美国式的高雅，构成斯特嘉姆的一切符号便成为崇尚美国文化的绅士标签（图7-20）。

图7-19　标有学校字母的斯特嘉姆

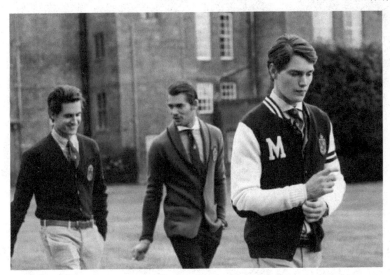

图7-20　斯特嘉姆的符号成为崇尚校园文化的绅士标签

四、白兰度夹克

多元的美国文化让机车夹克彻底颠覆了常青藤的精神，这是一个充满传奇的"白兰度故事"。

用黑色水牛皮制成的摩托运动夹克，起初是用于机车工人的工作服。演变成摩托夹克是由飞行夹克的皮革面料结合下摆束边带工装借鉴而来。大翻领，不对称的斜门襟配铝质拉链和柳钉是其最大特点，这些设计元素都来源于第二次世界大战时期的空军派克飞行服。而让它名声大噪却是在20世纪50年代风靡一时由马龙·白兰度（Marlon

Brando）主演的电影《飞车党》（*The Wild One*），"白兰度夹克"也成为它的传奇名字。也宣示了一种"反体制青年派"的诞生，白兰度夹克便是反主流"常青藤"的象征。第二次世界大战后的美国，消费主义兴盛，高速公路、摩托车和汽车带来的行动方便

和对空间的征服感，以青少年为主体的街头文化，亚文化群体层出不穷，汽车旅店、咖啡馆里的流行音乐、点唱机、电视以及少年的粗鄙口音都反抗着传统的秩序。《飞车党》就是在这样一个背景下诞生的。

人们对它的正式名称"肖特机车夹克"（Schott's Classic Perfecto Biker Jacket）并没有任何记忆，白兰度夹克便成为前卫的文化

图7-21 标志"反体制"诞生的白兰度夹克

符号（图7-21）。

现代版的白兰度夹克是在美国炼成的，但它的原型却在英国，是美国人根据欧洲的机车夹克风格与其他种类的工装进行融合而产生的一种杂糅风格，与英国的一些老牌机车夹克品牌，例如詹姆斯·格鲁斯（James Grose）、刘易斯皮制品（Lewis Leathers）相比历史并不悠久。但美国人敢于将他人的经典进行改造成自己的经典，并通过自身的强势文化推向世界，这种毫无痕迹的"文化殖民"，在白兰度夹克身上表现得淋漓尽致，也就是它从体制中（英国传统）创造了"反体制"精神。在20世纪20年代的英国机车夹克中我们就可窥探到斜门襟对白兰度夹克的设计意义并不是"反叛"而是功用。我们看到两款来自于那个年代相同风格的驾驶夹克与机车夹克。明显可以认识到从近100年前驾驶服与机车服之间的款式区别和未来机车夹克的发展方向。

首先从下摆来看，机车夹克要明显短于驾驶夹克，且采用了前中长侧身短的圆摆设计。其目的一定是驾驶摩托姿势的不同导致机车夹克需要更大腿部活动空间尽量减少前身的阻挡导致的。它的口袋众多，且都带有更加安全的袋盖。而驾驶夹克却没有口袋，这也是由汽车与摩托车的驾驶环境与储物携带能力不同而决定的。最明显的是门襟的区别，相比驾驶夹克，机车夹克的斜门襟会减少风对人体正面的侵袭，结合更加收身的造型进一步减小了风阻，提高了驾驶速度（图7-22）。

图 7-22 早期的驾驶夹克与机车夹克

通过简单的对比可以充分地体现出机车夹克的设计理念是后机车夹克发展风格中所一直遵循的原则，即便现在的机车夹克已不再作为驾驶摩托的专业服装，但这些过去的功用的元素，在现在的时尚中却一个都不能少而成为一种表达经典的文化符号。

进入到 20 世纪 30 年代在机车夹克的标准形制被延续的同时又有了一些细微的变化，通过一款瑞典军用的通信兵摩托夹克上来看，服装的密封性得到了进一步的提升，可以推测是机车速度越来越快造成的。下摆两侧出现了绳带的收紧装置，肩部借用达夫尔外套的牛角扣元素作密封，早前无领的设计变成小立领并加入了扣带收紧。口袋不再对称出现，而是按需求去设计。这款机车夹克风格，除门襟拉链与领型以外，一切元素都很按近现代版的白兰度夹克（图 7-23）。

图 7-23 瑞典军用摩托夹克

第二次世界大战的爆发使先进的摩托化机械装备大量投入战场，摩托夹克的形制也得到了一次重生的机会，这就是它的功用更加完备和有效，战后善于利用现代科技的美国人，将大量战场上的专业设计转化成生活用品。而让英国和欧洲主流社会能够接受，是因为美国人改变现实生活时决不以牺牲历史和文化的传统为代价。

为什么铝制拉链和柳钉是白兰度夹克的标志性元素。金属铝制拉链是飞行服的标准拉链，因为其他金属不是太沉重，就是内部磁场影响飞行罗盘的准确程度。标准的白兰度夹克也是铝制拉链，可以说在材质上的传承不是为了功用而是为了尊重历史。

图 7-24　美国机车夹克

形制上的模仿则更加明显，无论从斜门襟到袖口拉链收紧的处理，还是大翻领的领口设计，完全都是战争时期空军夹克的模版（图7-24）。

这种形制在第二次世界大战之后被确立了下来，又在白兰度主演的《飞车党》造势下，最终成为现代经典的、宣示着时代"伟大纨绔"的全部符号信息（图7-25）。

白兰度夹克的时代精神，它相比于其他机车夹克，最大的不同是采用了开放式的大翻领领型，而在英国等欧洲版本的机车夹克中则多为封闭式领型，这其中的不同与英美文化差异有着很大的联系。在保守的英国文化看来，户外服的功用性讲究专时专用，所以摩托夹克只为驾驶而生，那么封闭式领型是最适合的。而在美国户外服文化中讲求多用途统一，并且美国人也善于把专业的事物变得更加平民化、生活化（从美国的服装文献中也能窥探其这一特点），所以在美国人眼中机车夹克所肩负的任务是兼顾整个年轻时尚风格的休闲生活，并非只为驾车使用，而兼顾关门式的开放领型更能适

铝制的拉链和铆钉扣的传承
不是为了功用而是为了尊重历史

领口收紧子母扣风挡

便于取物的斜插袋

拉链式的收紧袖口装置

可拆卸腰带

图 7-25 经典白兰度夹克的标准元素

应多种用途，也更易与其他款式的服装相互搭配，所以在飞行服中的翻领被保留到白兰度夹克中，并转变为开放式领型，但功用效果不会有丝毫的丢失，铝制拉链拉到最上部时依旧可以封闭整个领口，而领尖上的铆钉按扣也会起到它应有的固定封闭作用。这种二者兼顾的美国设计一定会被所有人喜爱，这也是为什么美国风格会统领户外服天下的重要原因（图7-26）。

图 7-26　美国与英国机车夹克设计风格

　　将白兰度夹克推向全球时尚的《飞车党》电影只是个导火索，让它成为时代先锋的是风起云涌的 20 世纪五六十年代文化思潮，反叛风格的电影、建筑、雕塑和波普艺术的绘画无不向世界传达着一种放荡不羁之风。皮质与金属碰撞出来的白兰度夹克与其正好吻合。捕获了年轻人内心的白兰度夹克也赢得了它们自己的未来与世界（图 7-27）。

图 7-27　从马龙·白兰度到安迪·沃霍尔（波普风格的代表艺术家）

第八章

毛衫和针织衫的
经典

　　户外服休闲和运动的两大主题，从来就没有因为毛衫和针织服让我们如此享受着温暖和体贴，并能触摸到原始而柔软技艺织就的体温。它具有真正人文关怀的特质和承载原始艺术的信息，造就了原生态艺术休闲的概念，而成为绅士艺术家的最爱。毛衫和针织服从道地的表示隐私取向的内衣走出来，这种从内穿到外穿角色的改变，都是因为它那不可抗拒的舒适性和史前艺术。然而它们被社交伦理所接受，成为一种时代品位休闲生活的明星却是一个缓慢的过程，因此针织户外服仍蕴蓄着轻重两种文化的历史秘符需要破解。

　　针织户外服包括编织和针织两大制品。编织是以北欧为代表的古老技艺，不同技法的改变伴随着独特的肌理和丰富的变化是它的魅力所在。但随着历史进程，只有手工才能编织的工艺服装所占比例已经越来越少了，但其风格永存，针织工业的发达使其大众化成为可能。针织品自然就成为织造类服装的绝对主力，按照结构可分为纬编针织和经编针织，根据增减线圈的不同可以有各种各样的触感和表面样貌，由于历史上它主要的原料是动物毛线，故这类制品统称为毛衫（Sweater），即便是也称棉织物毛衫。 英文"sweater"本意是出汗、发汗的意思，这个词语的流行是从19世纪90年代开始的，是美语，相当于英语中的针织衫（Jersey）或者毛衣（Guernsey）。之后的20世纪20年代，棉织物毛衫的热身服（Sweater Shirt）作为运动服的出现，改变了它最初的定义，毛衫也就超出了发汗服的狭窄范畴而成为运动毛衫的一个独立词汇。然而它的风格始终没有放弃原生态的民族情结， 虽然现代的机械化织造设备使技术和生产量都得到大大提高，但作为起源于纯手工的历史技艺，依然带有浓厚农业文明时期的味道。这种甚至比任何服装所承载的历史信息都要原定，这恐怕正是被现代优雅休闲唤醒的理由（图8-1）。

图 8-1 针织户外服的三大风格——民族类、运动类、内衣外穿类

一、民族毛衫的绅士艺术家是怎样炼成的

手工编织的技艺性和原始性，使针织类服装成为最古老且形制最为稳定的一类服装，而民族风格又是这类户外服独一无二的风貌。其中在北欧、英伦三岛和美式印第安三大典型毛衫中被定型的民族图案已成为世界性户外服的文化符号，在工艺手法上又可分为雕刻类与图案类两大风格，它多了工艺的传统型、图案的民族性、动物材料的原始性，成为其重文化的基本特征（图 8-2）。

图 8-2 针织户外服的两大民族风格

（一）雕刻风格

　　雕刻风格的毛衫这种单一色毛线靠织法的改变而形成的各种编织风格是以渔夫毛衫为首的北欧和英伦三岛常见的保暖服，它所传递的史前技艺的信息而成为绅士艺术家的最爱。

　　渔夫毛衫（Fisherman Sweater）是北欧与北大西洋各个岛屿原住民的海上作业服，后来也被海军作为防寒内衣使用，在第一次世界大战中带有防磨皮补丁加入其中增强了它的功用，成为美军步兵的配给品，第二次世界大战后成为探险户外服而流行（图8-3）。它是北欧先民粗线毛衫最原始的形制，织法也比较单一。织法的创新和层出不穷，让这种粗线毛衫增加了艺术感，这或许就是它成为上流式会休闲文化趋之若鹜的原因，最具代表性的就是艾伦毛衫（Aran Sweater）。广义上它还包括费尔岛毛衫、北欧毛衫、甘西毛衫等沿海地区渔民所用的御寒粗线毛衫。它们最大的特点采用单一色，北欧多以黑色和深蓝的暗色为主，英伦三岛都用乳白色，平添了它的高贵而成为雕刻风格粗线毛衫的首选。它们将各种各样的花式编织手法组合在一起，形成类似阿拉伯团的浮雕画面，值得研究的是，这些图案的设计并非现代艺术家所从事的艺术活动，而与苏格兰格子有异曲同工之妙，它们代表着渔民世代家族族徽的文化符号，到了 13 世纪的中叶也被示人，但作为时尚元素流行起来却是从第二次世界大战之后才开始的。

图 8-3　悠久历史的渔夫毛衫

　　雕刻风格最为经典的艾伦毛衫（Aran Sweater）是爱尔兰西海岸加尔韦（Galway）海湾群岛的名字，所以也称作爱尔兰风格（图 8-4）。艾伦毛衫起源于这些群岛土著先民手工编织的作业服，初次出现于 1450 年左右。在英国有两个这种相同名字的岛屿，其中一个是位于多尼戈尔（Donegal）地区，另一个位于苏格兰的西南部。前者叫艾伦，后者叫艾尔伦（Arran），当然艾伦毛衫始终是以爱尔兰西海岸的艾伦群岛为本家的。古时候这种毛衫是使用未脱脂的粗毛线，用棒针编织而成，便形成本色粗放的风格特点。具有代表性

图 8-4　爱尔兰风格的艾伦毛衫

的浮雕编织纹样有绳形、"之"字形、菱形、链环状、格子形、生命之树形、蜂窝纹等。颜色以未经加工的天然乳白色为主。设计上主要采用圆领或者高领的套头式成为其基本造型。1892 年在当地成立了艾伦毛衫工厂，使艾伦毛衫由民族服饰转变为当地特色的文化符号而被时尚界关注，进入时装领域备受推崇，并成为此后编织服装民族风格永恒的时尚元素（图 8-5）。

艾伦毛衫雕刻风格的编织形式

| 链环状 | 菱形 | "之"字形 | 生命之树形 |

图 8-5　雕刻风格艾伦毛衫的经典形制

艾伦毛衫原始的爱尔兰基因和布满神秘色彩的雕刻符号，让那些充满幻想的作家、艺术家心驰神往，他们试图通过艾伦毛衫独特而神奇的雕刻纹样，解读和唤醒远古族徽的密码。现代科幻小说的重要奠基人，法国作家凡尔纳（Veme Jules，1828-1950）的系列科幻小说能够捕捉到艾伦毛衫的影子绝不是偶然的。他的《海底两万里》（1870）和《神秘岛》（1875）在世界各地广泛流传，家喻户晓。《海底两万里》在 1954 年拍成电影，创造了一个穿着艾伦毛衫的尼姆舰长形象，这使艾伦毛衫在年轻绅士中名声大造。被视为侦探小说"硬汉派"开创者的美国作家哈米特（Hammett Dashiell，1894-1961）心爱的对襟式艾伦毛衫就像他的作品《马耳他的猎鹰》一样充满了生猛与智慧。这使艾伦毛衫在作家、艺术家中的传播影响很大（图 8-6）。

图 8-6　艾伦毛衫在作家哈米特的世界中行走

（二）花式图案风格从远古走来的艺术贵族

如果说雕刻风格的毛衫是通过织法实现的，花式图案风格的毛衫则是通过针法设计加入不同颜色的毛线织就的，它们的共同点是都承载着原始民族的密码，雕刻风格带有渔猎民族族徽的文化符号；图案风格隐喻着极地狩猎民族的图腾文化，所以它们同样都被作家、艺术家深深眷顾。花式图案风格以北欧毛衫为典型，是以斯堪的纳维亚半岛的结晶雪花、驯鹿图案为代表形成的，典型款式有拉普兰毛衫（Lapland Sweater）。斯堪的纳维亚毛衫则是泛指包括挪威、瑞典、丹麦、冰岛等北欧民族独特风格的粗线编织毛衫。它作为时装登场是在 20 世纪 30 年代初期。作为花式图案风格的典型拉普兰毛衫是挪威劳动者从古时候开始穿着具有粗犷民族图案编织的未脱脂羊毛毛衫，它与雕刻风格的渔夫毛衫相似，区别在于通过图案去传达本民族的社交信息。它的生活背景并不来源于沿海，最早作为丛林狩猎的反映而成为后来的滑雪服。进入 40 年代开始作为时装广泛被大众接受。此外根据相同形制而图案变化的特点，还有延伸到更远的冰岛毛衫（Iceland Sweater）与艾格尔毛衫（Argyle Sweater），它们构成了北欧图案风格毛衫一族（图 8-7）。

在花式图案风格中可以与北欧毛衫媲美的是起塔地区原住民的印第安毛衫，其中科维昌毛衫（Cowichan Sweater）就是典型的代表。它是在加拿大温哥华岛科维昌湖周边的居住者，印第安撒利希语族群中所流行的毛衫，初次出现是在17世纪的中叶。

据说很早以前这种毛衣的原料是用印第安人作为食物的动物——羊、狗以及野牛之类的毛原料纺线编织而成，现在大多使用一种叫黑山羊的毛。但是无论是哪种毛，其原则就是要使用未脱脂的羊毛，可见未脱脂羊毛成为原始民族粗线毛衫的共同点，制作方法是往毛线中边加水边进行编织。这样含有水分的毛线在干燥之后，它的针孔会被充塞住而增加保温性。复杂的工艺使一件毛衣的完成需要很多工时，特别是科维昌独特的印第安图案就需要更费一番功夫。这种图案传承着印第安独特的图腾文化，可以说这是他们的护身符被一代一代的家族继承着。图案以猛禽动物及雪的结晶为主，还有他们认为一切可以利用的自然之物。这些各式各样组合起来的图案化几何图像似乎在宣示着它们部族所拥有一个神秘的古老密码（图8-8）。

图8-7 北欧图案风格毛衫

图8-8 印第安图案的科维昌毛衫

在设计上这些让人敬畏的古老信息成为让人们坚守甚至供奉的理由。其原型毛衫上有小领，并且在其中会有用动物的角或者爪甲制成像纽扣一样的别扣，无疑这带有原始宗教的某些信息。但是更重要的是这种翻领开放式门襟的形式被后来的卡迪冈开襟毛衫设计所沿用，并对现代时尚的外穿化毛衫产生影响。科维昌毛衣比北欧风格毛衫稍晚作为时装登场是在20世纪40年代末。它与北欧风格的拉普兰毛衫、爱尔兰雕刻风格的艾伦毛衫并称三大原生态风尚，成为现代户外服毛衫的经典，其深厚的历史、民族性和生态性自然成为针织户外服的重文化的典型代表，这也是它成为日后艺术化毛衫得天独厚的条件，不过这不需要有艺术家的参与和上流精英的眷顾（图8-9）。

印第安风格
（科维昌毛衫）

北欧风格
（拉普兰毛衫）

爱尔兰风格
（艾伦毛衫）

图 8-9　民族风格毛衫的三个经典

在毛衫图案风格中，从原始象形图案基础上演绎出来的现代几何图案的民族风格，可以说是远古先民和现代艺术家共同创造的人类文化遗产，这是它们成为主流社会品位休闲文化符号的重要原因，最具典型的有艾格尔毛衫与费尔岛毛衫。

爱格尔毛衫（Argyle Sweater 或毛背心）应该说是花式民族图案在揉出来的现代毛衫风格，被命名为爱格尔格子（菱形格子），它的形制以 V 字形或者圆形领套头式为主，也有少数对襟式（图 8-10）。其实这种菱形花纹毛衫早在 20 世纪 20 年代就开始了，并成为毕加索分离的立体主义作品重要的艺术语言（图 8-11）。

图 8-10 爱格尔毛衫

图 8-11 毕加索作品中
的菱形格子

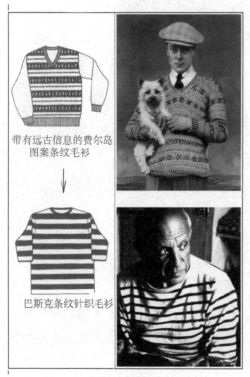

图 8-12 从温莎的费尔岛毛衫到毕
加索的巴斯克针织毛衫

费尔岛毛衫（Fair Isle Sweater）是区别于菱形格子的条形图案毛衫。传统的费尔岛条形图案式形象的，它带有神秘的原始民族文化信息，因此在英国贵族中穿这种图案的毛衫有寻根的意味，历史中温莎公爵的衷爱也就奠定它贵族的身份，其实促使它在主流时尚的流行才真正让它的地位稳固而成为休闲的经典符号。所谓现代版的费尔岛条纹则完全变成了抽象，这正是现代派艺术家所追求的，工艺也从编织变成了针织，最具代表性的是巴斯克针织衫（Basque Shirt）、海军衫等。艺术大师毕加索对这类横向条纹有着自己独特的偏爱，这和他一贯坚持用最原始、朴素、本色的语言诠释最现代的艺术实践有着千丝万缕的联系，因此它是不折不扣从远古走来的艺术贵族（图 8-12）。

二、运动毛衫的英国血统与常青藤风格

　　毛衫的雕刻风格和花式图案风格都承载着远古文化的信息，因此它们的杂糅便成为英国贵族毛衫风格的基本要素。但它需要一个载体，这就是英国贵族的运动休闲文化，带有雕刻和花式图案元素的英式运动毛衫便是这种文化的集大成者，使其成为针织户外服中重文化的典型。它的物质条件是，随着毛衫走出偏远的寒冷地带，防寒的功用要求，使得非动物纤维的织物（如棉毛衫）开始出现。针织物除了保温以外，其最大的特点就是富有弹性，这一特点一定会被运动服所广泛应用，使它被英国古典的板球、网球、高尔夫等户外运动当做具有保温功能的运动服装。而成为大众化运动服是进入美国校园后成为常青藤家族的成员，这在日后的时尚界大红大紫是迟早的事。使得运动衫自然划分为了英国贵族风格的重文化和美国校园风格的轻文化两个阵营（图8-13）。

图 8-13　运动毛衫重轻文化的两大阵营

（一）从民族毛衫走来蒂尔登家族的英国情结

　　在早期运动服改制之前，英国贵族运动都是穿着衬衣配诺福克或狩猎夹克的，这就是它们今天为什么称其为运动夹克的原因。但它们都是机织物很不符合现代运动要求。一些户外运动如网球、板球、高尔夫球等贵族运动不仅需要基本的保温措施，更重要的是享受必须具有英国文化传统的运动而造就了蒂尔登毛衫（图8-14）。蒂尔登毛衫（Tilden Sweater）实际上是爱尔兰毛衫（雕刻风格）和北欧毛衫（花式图案风格）杂糅的产物。如果说让它从土著成为贵族的，那就是坚持米白色的主色调。它的这种形制

诞生于 19 世纪末，活跃于 20 世纪初，而它的称谓却由美国的花式网球选手威廉姆斯·蒂尔登（Williams Tilden）的名字命名的。它在颜色上最初都是白色雕花纹，后期演化版出现了在藏蓝色、灰色以及暗红色毛衫的领口、袖口和下摆搭配对比强烈的线条，这被确立为蒂尔登的经典样式。这种充满英国情结的条纹也成为日后佩里风格（英国风格）网球衫的标志（图 8-15）。

图 8-14　重文化运动毛衫与运动夹克搭配为主

图 8-15　蒂尔登运动毛衫

棉线针织物的蒂尔登毛衫一定是它的发展趋势，不过它主要用在夏季。随着 Polo 衫在 20 世纪 40 年代的盛行和网球贵族运动的大众化，网球运动服的改制成为必然。蒂尔登作为古典网球毛衫最终被网球运动所抛弃而成为品位休闲的绅士符号。在款式上仍沿袭着民族毛衫的套头式，在 50 年代中期到 60 年代初期加入了开襟款式。放弃了单一运动功用后，衣长有所增加，并出现金属纽扣的开襟蒂尔登，说明它已有独立外穿化的时尚趋势而促使卡蒂冈毛衫的繁荣。

板球毛衫（Cricket Sweater）是蒂尔登毛衫的派生品，是以浅线条和粗线条结合采用扭绳结构编织为特征的米色 V 形领套头衫。形制比网球毛衫更长一些，V 形领口和下摆的编织边也更粗大。为方便手臂运动与板球护具的佩戴，又出现了更加专业的运动板球背心（Cricket Vest），它是在板球毛衫基础上去掉袖子演变而来的运动背心，也和板球毛衫、网球毛衫一样，始终作为绅士户外运动的经典装备，因为这种运动的贵族背景（板球是英国国球）而成为针织户外服重文化的经典（图 8-16）。

（二）使毛衫走向外衣时尚的卡蒂冈

现代毛衫保暖只作为功用的一个方面，现代生活的休闲化使得毛衫产生了对"方便"的需求，所以毛衫的外穿化风格越来越凸显，这也是在休闲大潮中毛衫由内衣向外衣转变的一个历史必然。而传统毛衫的套头形制不利于作为外衣时脱穿的方便，这

图 8-16　蒂尔登毛衫家族的英国情结

必然导致开襟毛衫的出现。开襟毛衫作为一种形制，实际可以应用到各类风格毛衫之中以强调其外穿化的功用，并不一定要将开襟具体到某一类款式中。但就开襟毛衫的文化而言，依旧有其经典的样式，说到"经典"就不可能缺少历久弥新的英国贵族文化，这就是卡蒂冈风格（图 8-17）。

图 8-17　卡蒂冈开襟毛衫

卡蒂冈（Cardigan）一词几乎在所有的文献或时尚杂志中都解释为开襟毛衫，这是缺乏历史与文化的误读，因为"卡蒂冈"既不是"开襟"也不是"毛衫"的意思，而是一个历史事件的文化符号，卡蒂冈是个英国伯爵的名字。形制完全是在古老的民族毛衫和传统的英国毛衫基础上派生的。因此它们任何一种毛衫加入卡蒂冈这一称谓，都可归为开襟毛衫之列，同时它们的风格也被带之其中。比如艾伦开襟毛衫、科维昌开襟毛衫、费尔岛条纹开襟毛衫、艾格尔开襟毛衫、蒂尔登开襟毛衫以及校园开襟毛衫等，而卡蒂冈不变的形制就是开襟。但这并没有抑制它的设计，包括 V 字领口、圆领口、有领、无花纹的、有花纹的、纽扣式的、拉链式的等，然而作为卡蒂冈的经典款式，只有开襟式 V 字领，平针编织或者罗纹编织为主。在类型上为方便活动，无袖卡蒂冈背心（Cardigan Bodice）也成为卡蒂冈家族的一大类。

卡蒂冈这个名字的起源，一种说法是在克里米亚战争中扬名立万的英国军人贵族詹姆斯·托马斯·布鲁德内尔（James Thomas Brudenell）第七代卡蒂冈伯爵（1797-1868）发现开襟毛衫的好处，并在 1855 年设计了最早的无领手工编织开襟毛衫。另一种说法来源于英国西南部威尔士的卡蒂冈地名，因为这里传统的牧羊与织造业发达。学术界和时尚界更接受前一种说法，是因为"卡蒂冈"主要在揭示毛衫从套头到开襟的结果，可以说这是毛衫从内穿到外穿里程碑式标志，这也是"卡蒂冈"即是"对襟毛衫"代名词的历史真实。另一个原因社交界接受人名大于接受地名，何况他又是英国历史中显赫的军人贵族（图 8-18）。

卡蒂冈长袖毛衫　　卡蒂冈无袖毛衫

图 8-18　卡蒂冈毛衫的两种经典样式

现代卡蒂冈根据门襟不同，又可有标准门襟与高低门襟的不同风格，在编织手法上对艾伦毛衫、北欧毛衫、艾格尔毛衫、蒂尔登毛衫都有继承。如在门襟上出现的低开襟毛衫（Low Button Cardigan），在编制手法上采用艾伦毛衫的雕刻风格（图8-19），也称为低门襟毛衫（Low Holer Cardigan），字面意思是指低开襟的四粒扣或三粒扣V型领开襟毛衫。它于1957年第一次出现，是由当时的美国即兴演员，也是时尚传播者之一的佩里·科莫（Perry Como）所推出的，之后也成了他的时尚标签，被称为佩里卡蒂冈（Perry Como Cardigan）。

卡蒂冈开放式的门襟，使它和休闲夹克一样有更多的设计空间。袈裟开襟毛衫（Surplice Cardigan Sweater），是指被称为叠门襟的毛衫（Crossover Cardigan），类似于低开领双排扣西装的结构（图8-20）。在20世纪60年代初期的高尔夫运动中被年轻贵族所推崇，而后作为背心形制去穿着的情况更为普遍。"Surplice"是法衣、白袈裟的意思，事实上这种毛衫开创了低开襟双排扣卡蒂冈另一种经典，当它加入某些传统编织手法时，也平添了它的艺术贵族的气息。

卡蒂冈的开襟毛衫形制并不是单纯孤立的，而是有着毛衫休闲趋势的指引意义，它意味着针织户外服整体走向外穿化的潮流。传统的内衣在现代的休闲时尚引领下渐渐可以成为单穿的外衣形制。我们发现，在休闲西装里也出现了针织面料的痕迹，这都说明了这种休闲面料和风格的巨大影响力。当然，针织服装成为户外服的主流在短期内还不可能出现，卡蒂冈的开襟风格便是推手，否则它也不会在美国校园毛衫中持久流行。

图8-19　低门襟雕刻风格的卡蒂冈（左一）

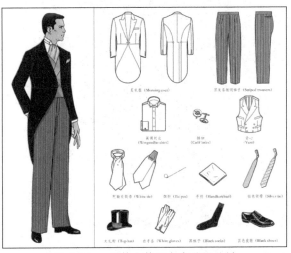

图8-20　爱格尔格子与卡蒂冈毛衫

（三）校园毛衫的常青藤物语

针织户外服的常青藤风格，可以说是道地的拿来主义文化，是在蒂尔登家族、卡蒂冈家族的基础上，根据校园文化和运动文化的要求打造了一个全新的美国休闲文化，并迅速成为全球化的时尚和潮流。这其中的奥妙就是校园文化和运动文化一直是户外服提升品位的标志，而美国校园毛衫集合校园与运动生活的两大主题，又加入强势的美国轻文化中，使得以字母标识和亮丽色彩为典型风格的美国常青藤名校文化没有不成为品位休闲主流的道理。

运动是美国人生活的重要组成部分，并由常青藤文化诠释着这一切，其典型的标志物就是配在毛衫上的大号字母标识，即字母标志毛衫（Award Letter Sweater），也称字母毛衫（Letter Sweater）。通常是在圆领套头式毛衫的胸部正中央刺绣或编织成学校名或运动队的首位字母。因为早时只在队长身上穿用，所以也称"队长毛衫"（Captain Sweater）。这种形制在1874年登场便成为校园毛衫的经典。随着毛衫外穿化的到来，为方便穿脱，便出现了校园开襟毛衫（School Cardigan 校园卡蒂冈毛衫）。它指有校园运动队或俱乐部标识的V形领口或者带领的开襟毛衫。在袖口和下摆会有各种各样的条纹，这些条纹通常有某团体或俱乐部的象征意义。在右胸部配有大字母的俱乐部标识，亦被称为字母标志卡蒂冈毛衫（Letter Cardigan）。在袖口和下摆有宽大的锁边，这一点继承了欧洲的传统，而在颜色上五花八门完全脱离了英国以乳白为主的单一色调，有藏青色、紫红色、大红色、白色、灰色等，

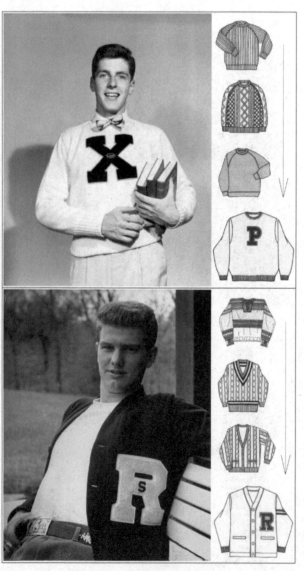

图8-21 常青藤校园毛衫

这是因为由于校园和运动文化的需要，不同颜色代表着社团、俱乐部或名校的标志色，以此宣扬团队带理念和提升校园的品位。这种风貌便成为日后常青藤风格的美国休闲文化，并树范了世界大众品位休闲的里程碑。然而，校园毛衫整个的演进过程却始终没有放弃古老民族的基因和英国贵族的血统——字母套头衫也好，字母对襟毛衫也好，它们不过是从渔夫毛衫、艾伦毛衫、运动针织衫和北欧毛衫、蒂尔登毛衫、卡蒂冈毛衫一步步走来，美国人只是在上边加了一个字母，刷了一笔色彩便生机勃勃。（图8-21）。

　　校园毛衫的另一个标志就是鲜明的色彩，它产生的背景主要来自校园体育比赛的拉拉队文化。它和字母毛衫相得益彰形成构成校园毛衫的大家族，可以说是今天年轻人卡通服的前身。传统的拉拉队毛衫（Cheerleader Sweater），是以校园文化和俱乐部风格为基调孕育出的花式毛衫，它是从20世纪30年代到50年代期间，由常青藤联盟们在体育观战时所催生的一种独特的休闲文化符号。主要形制为配色条状的高领或V字领马海毛套头衫。在胸部配有亮丽的助威口号语图案，领口、袖口和下摆用双色编制成罗纹口，这些元素被视为传统拉拉队毛衫（Old Cheerleader Sweater）。传统拉拉队毛衫的元素是那些历史悠久的美国著名大学的拉拉队所惯用的，根据不同学校特色以及俱乐部宗旨设计成几乎可以作为一个学校或社团的标志物。因此它们成为奖励那些学业上或运动上有成效的学子，也成为常青藤名校的文化传统，最具代表性的是从20年代到40年代中期。这个传统在今天看来，完全变成了年轻人休闲生活中进取、成功和自我表现的标签（图8-22）。

图8-22　充满常青藤精神的拉拉队毛衫

三、由内衣而来到运动而去的针织衫

　　在针织户外服中除了编织毛衫以外就是针织运动衫，它与编织毛衫最大的不同就是放弃了动物纤维，采用以棉为主的植物纤维，可以说它是现代文明和现代针织工业的产物，基本特征就是内衣外穿化，休闲运动化。因此现代针织衫大都从内衣演变而来，到运动服而去，这就决定了它既定的形制，因为绅士的运动项目是既定的，T恤衫和 Polo 衫便是典型代表。这种针织品不可抗拒的运动和舒适性成为现今人类休闲和运动服的唯一选择，无论英美风格还是地域、文化的种种差异也依旧未能影响其广泛的辐射力，可谓是全球最具有共识的服装。其原因也并不难解释，首先全球气候变暖使得地球上各个地区的夏季时间越来越长，运动和休闲生活的时间和空间都在加大。其次最为重要的是美国"运动的冒险主义"盛行，取代了英国绅士们的"休闲享乐主义"并成为大众休闲的主流。因此内衣外穿化主要发生在美国，并伴随着某项运动，当然为了提高运动、休闲的品位，它从不放弃以英国贵族为代表的欧洲传统（图 8-23）。

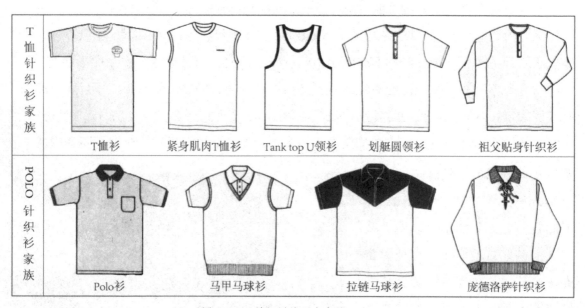

图 8-23 针织衫的两大家族

（一）血统纯正的巴尔布里根

针织衫的两大家族主要区别于有领与无领，虽然在休闲社交中，没有明显的界定谁偏重于运动场合，谁偏重于休闲场合，但以社交的惯例而言，有领总是比无领更正式。因此无领的 T恤比有领的 Polo 衫更偏重于运动场合，它不能成为"准社交"服也和它来源于纯内衣有关。

在无领针织衫中，长袖 T恤不能不说巴尔布里根，其实还有一种与它有着同样传奇历史的针织内衣，这就是祖父针织汗衫（Grandfather Singlet）。它通常是驼绒纤维的针织品，圆领口小开襟纽扣式套头衫，在 20 世纪 60 年代一度成为美国西部片硬汉的装束，被外穿化改良成时装时亦称为西部汗衫（Grandpa Shirt）而被大家所熟知。由于过于"草根"的背景，因此也就成就了巴尔布里根的辉煌。

　　巴尔布里根基本上是从内衣到训练服再到运动衫演变而来的经典户外服。所谓纯正的血统，一是它经历了常青藤校园文化的洗礼，二是它为运动训练所持有的拉绒工艺，三是保持着从传统（祖父汗衫的驼色）而来的雪花灰色。其实这些充满美国精神的文化符号却都源于一个古老的欧洲传统——巴尔布里根。美国士兵从第一次世界大战的法国士兵贴身内衣带回美国之后，很快成为除了字母校园毛衫之外，针对于学校专业运动队惯常使用的运动针织衫（Sweat Shirt）。起初它是训练服的异称，采用纯棉或者与合成纤维混纺的平针织物，将内侧进行拉绒工艺处理后制成的圆领长袖训练运动上衣。一直以来都是运动员为了使身体不感到寒冷而在运动前后使用的休闲服，或是比赛选手为让自己放松肌肉而穿着的热身服。这就是最初 Sweater 译为"使之发汗"的定义，是代指专业运动服的原因。当它成为休闲时尚用品时，在面料和细节上也变得丰富起来，但是如果需要保持它的纯正血统，这种独特的厚棉拉绒的针织面料是不能缺少的。

　　造型上整体宽松插肩袖是它的原则。领口采用稍大的罗纹圆领，有时配合有 V 字形罗纹嵌花，这些都是保证脱穿方便的设计。在腋下有时也经常会织入楔形嵌花（Wedge insert），这是针织运动服特有的设计，有止汗作用。最初作为纯粹的运动服是以田径为首，是田赛竞技选手和拳击选手等在热身时不可或缺的衣服，也成为名人运动热身的品位装备，前美国总统里根年轻时这种经典的运动针织衫（图8-24）。

图 8-24　巴尔布里根的经典运动

　　当今在颜色上虽然没有限制，但是保持其初期古典的浅灰的雪花色是明智的，因为这是巴尔布里根纯正血统的标志。理论界对其出身有两种解释。其一，是从当时被称为巴尔布里根（Balbriggan）的保暖针织内衣中得到灵感而制成的，它最大特点是用驼绒针织物，并强调织物原料色调，同时又是 20 世纪 20 年代活跃在美国好莱坞电影男明星惯用的"贴身"之物，这些信息无疑来自"祖父贴身针织衫"，可见巴尔布里根与它有着难以割舍的亲缘关系（图8-25）。其二，是从最初的棒球球队的舌红色队服中得到灵感制成的。但不管是哪种说法，这种服装在颜色上既没有选择巴尔布里根的驼色，也没有采用棒球队服的舌红色，而采用灰色，但它们都有一个共同点就是追求"本色"，或许因为雪花灰与星条旗图案搭配起来比任何颜色都妙不可言。

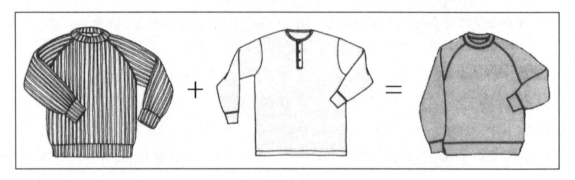

图 8-25　巴尔布里根的演变

脱离训练服作为运动服初次出现在 1924 年的巴黎奥林匹克运动会上。在巴黎，其作为引领各国选手团的热身服，是由美国政府提供的。根据权威的韦氏词典记载，最早 sweat shirt 词语的出现是运动会后的 1925 年。就如同在那个时代的电影《Chariots of Fire》（烈火战车）中所看到的一样，它的圆领口、宽松造型、插肩袖、浅灰的雪花色针织套头衫，和同质地的针织长裤组合，在胸部还附有星条旗图案徽章醒目而雅致，这一充满美国精神的划时代经典被定格下来。之所以这么说是因为在这之前的热身运动服，是由针织内衣（Jersey）或者编织毛衫（Sweater）代替的，巴尔布里根运动衫虽然属于针织类，但它的风格已经完全脱离了针织内衣，它良好的功用又远远超出了传统的毛衫。因此，它成为现代户外针织运动服的经典之作，有着强大的美国科技和深厚的欧洲人文传统背景，通过美国常青藤文化而绽放（图 8-26）。

图 8-26　雪花绒面料的校园运动衫

（二）叛逆传奇的Ｔ恤衫并不缺少品位

人们更习惯把短袖圆领套头针织衫叫作Ｔ恤（Ｔ or Tee Shirt），它作为现代有点叛逆味道的夏季"酷衫"与理性实用的训练运动衫巴尔布里根却出自一个"祖先"。然而Ｔ恤衫更据传奇色彩是因为它适应了反叛盛行的时代，这也就是为什么Ｔ恤衫始终被主流休闲社交打入冷宫的原因。

Ｔ恤衫最初它作为贴身内衣发端于第一次世界大战中的法国。当时大举登陆法国的美国士兵被他们的同盟军法国士兵所穿着的白色棉质贴身针织内衣的清凉感觉所吸引，在大战结束回国的时候被他们带入美国。因为对于这些美国兵来说，之前的内衣都是被称为巴尔布里根（Balbriggan）的长袖防寒内衣或者连衫裤（Union Suit），是当时内衣的主流，他们被法国士兵的这种舒适而轻薄的贴身内衣所吸引，对其新颖的样式感到些不可思议（实为贵族士兵的传统）。

当初这种法国制的Ｔ恤衫大多都是自家纯手工缝制的内衣品，所以它不是谁都可以轻易买到的。后来在美国将其改良并开始工厂化生产开始于20世纪30年代的初期，加快了它的外穿化速度，运动形制的外穿Ｔ恤衫几乎就是在同时开始量产。于是大量的运动Ｔ恤衫在美国作为新品种的贴身内衣出现在大众面前，并很快被军队大量采购。在第二次世界大战时，它作为标准配置的美国政府供给品（GI- government issue）与靴子、丝光卡其裤一起被分发给美军士兵所用。

这种官方供给品的Ｔ恤衫变成时装的过程，有一种说法，是在1951年初次公映的马龙·白兰度所主演的电影《欲望电车》为契机设计制作的。贴身穿在白兰度健硕身体上，稍稍有些脏的白色Ｔ恤衫和穿旧了的牛仔裤，表现出从来未有过的反叛形象。不难想象这种未有先例的英雄（反传统英雄），他粗野的形象很容易不知不觉间在当时的年轻人眼中留下了新鲜而刺激的印象，那些完全内衣化的跨带背心的Ｔ恤附属品也堂而皇之进入了前台（图8-27）。

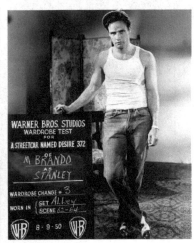

图8-27　白兰度标志性的Ｔ恤衫和Tank-top衫

T恤衫

校园划艇衫

紧身肌肉
T恤衫

背带运动衫

图8-28　T恤衫家族成为当代
休闲和运动的首选

　　受到更进一步的那种反英雄式的电影和主人公的影响，T恤几乎成为这些作品的标签，或者标志着一个"反体制时代"的开始。如《飞车党》（The Wild One）和《码头风云》（On the Waterfront）中的马龙·白兰度，《无因的反叛》（Rebel Without a Cause）和《天伦梦觉》（East Of Eden）中的詹姆斯·丹（James Dean），《街头罪行》（Crime in the Streets）中的维克·莫罗（Vic Morrow）等。由这种群体而导致层出不穷的"不良少年形象"，这些T恤衫叛逆性格，甚至成为一个时代化的文化符号和牛仔裤一起一跃成为被时尚界大书特书的一个时代概念。于是T恤衫被赋予了新的意义，成为20世纪50年代年轻人的时尚，从60年代的后半期开始它在摇滚，民谣、嬉皮这一代年轻人的生活方式中被固定了下来，到了今天它的潮势仍然强劲（图8-28）。

　　在T恤衫家族中为了摆脱"不良少年"的出身，后来的发展一定要加入贵族和常青藤文化的基因，就出现了借鉴于蒂尔登毛衫形制的V领T恤（V Tee）和半开襟式的校园T恤衫。半开襟针织衫（Henley Shirt）是划艇针织衫（Rowing Jersey）的一种，一般是前襟有3个纽扣的套头T恤，领口用颜色鲜艳的罗纹边。这种叫作划船衫（Regatta Shirt）T恤初次出现于19世纪80年代，演化风格是从校园水手衫

（University Crews）而来，即常青藤划艇衫，它是美国东部八所大学的划艇俱乐部成员所特有的圆领针织衫。圆领口中间配有大约 10cm 的开襟并有纽扣调解，也有无纽扣的半开襟衫（Henley Shirt）被称为改良 T 恤，字母标识和领口、袖口的配色便成为常青藤 T 恤的标志。初次出现于 20 世纪 60 年代，后随着 80 年代常青藤文化的强大影响力而走出校园和美国，而成为 T 恤中高端品位的代表。

　　随着体育运动的大众化，特别是足球 NBA 明星运动的引领，更为简化的 T 恤衫出现了无袖形制。紧身汗衫（Muscle Shirt）原指针织内衣，圆领口无袖，虽说是无袖，也并非指挎带背心，而是指沿着肩部肌肉而裁剪的砍袖，从而展现手臂肌肉线条。而挎带运动衫（Tank-top）则是从无袖内穿针织衫而来，它是以 U 形领和挎带为特征的运动针织衫。肩带运动衫来源于流行在 20 世纪 20 年代上下一体式的泳衣，它取自这种泳衣的上半部分，于 60 年代后半期登场，在 70 年代初期作为男装运动服很流行，现在已经成为很普及的男装贴身内衣和运动服。同类型的还有大圆领衬衫（Tank shirt），它与 U 领衫同义，是指运动衫类型的彩色针织衫。肩带和紧身这一特点虽然和运动衫类似，但是不同点在于它选用了丰富时尚的颜色和卡通图案，故为花式挎带针织衫而成为盛夏街头服装概念。

　　T 恤衫家族，因其内衣外穿的广泛应用成为被普遍穿着的一类户外服，无论是冬季的内穿与夏季的外穿，成为每个人的必备服装，且人手多件。而白色或浅色的基本色调，搭配上现代技术的微型刺绣或精美的卡通印花，更使 T 恤衫赋予时尚更多的意义，T 恤衫不单单作为一款服装，对于年轻人更是自身个性的一种宣泄方式，当然这一切都是被后期的演化与时尚的风潮所左右的，而白色紧身的 T 恤衫形制依旧是最为经典和最具品位的运动衫（图 8-29）。

图 8-29　白色 T 恤衫的明星贵族

（三）Polo 衫独领风骚是一种宣示

在短袖针织衫中，如果圆领 T 恤衫代表美国轻文化的话，那么有领的 Polo 衫就是含有欧洲重文化味道的夏季针织衫。显然在格调上后者要高于前者。Polo 衫的出身虽然也源自祖父贴身内衣，但由于加入了衬衫领，使其正式级别要高于无领的 T 恤衫，这是极具英国贵族传统的"族徽效应"，用不用领子便是使内衣升格为（贵族）运动外衣的重要标志。

马球衫（Polo shirt）指有领半袖或长袖套头的针织衫的总称，这意味着"无领"就不称为马球衫。在形制上也大有背景，最经典的就是，白色的法国拉科斯特版本，带有领、袖口彩条的英国佩里版本和多彩的美国拉尔夫版本，不变的是它们都遵循着一个标志性的罗纹翻领设计。其实在它之前的衬衫领并不适合，是因为传统衬衫都用机织面料，且不同场合在领型上有所区别，例如有领扣的长领（long collar）、可开关领（convertible collar）、方领或网球领（square collar/tennis polo collar）是属于休闲、运动型衬衫，而伊顿领（eton collar）、意大利领（italian collar）则表示较正式的衬衫（图 8-30）。

Polo 衫的罗纹领型因为运动而一贯，这种运动衫的原型出现是在 19 世纪 80 年代，从出现到 20 世纪 20 年代中期为止，带有运动领的针织衫成为主流，其用途也仅仅限于贵族化的运动比赛。到了 1926 年，通过法国人拉科斯特在最初的网球赛里，将这种有领针织衫运用其中，渐渐地开始出现在网球场上。而明显的流行起来则是两年后的事情，特别是这种针织衫受到了英国网球运动员的喜欢而普及，英国人佩里将蒂尔登毛衫的条纹加入其中而成为具有纯正贵族血统的运动衫。由此可见其现代名称虽叫马球衫在早期却是通过马球以外的网球而普及的。Polo 衫是美国设计师拉尔夫为了宣示美国人的贵族身份而精心策划的，正因如此 Polo 衫的迅速传播，让大众运动变得有品位，因为我们看不出英国王室和大众的 Polo 衫有什么区别。

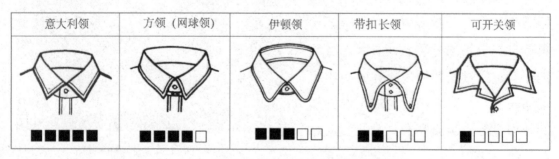

图 8-30　Polo 衫之前的衬衣领型有正式和休闲的区别

最初的网球衫是以白色的开士米针织，或者丝质针织品所制成，带有纽扣的大开襟领和小开领（大约 13cm 的开襟），再加上半袖和宽松的衣身特征，完全适合于网球运动且给予优雅的印象。在 1933 年出现了现代意义上的网球衫的原型，即拉科斯特的鳄鱼 Polo 衫。到了 20 世纪 50 年代，全棉制小方领单面罗纹针织衫终于由鳄鱼公司为首的针织衫生产厂家开始大量生产。佩里风格也在第二次世界大战后兴起，不过它与鳄鱼衫的经历并不相同，传说中 30 年代温莎公爵使之流行起来的意大利领开士米针织套头衫和现在的单面罗纹鳄鱼衫相比不论在氛围还是穿法上都是有所差别的，但罗纹领鳄鱼衫的舒适和运动性让佩里无法抗拒，而归为统一，只在"族徽效应"上加以区别。

今天的马球衫已经成为一种时尚文化符号，作为网球和高尔夫所代表的优雅休闲运动走在了时尚的前头，或者说一种品位休闲和快乐夏天的代名词。马球衫的称谓虽

马甲马球衫   拉链马球衫

图 8-31   随着其他高雅运动发展而来的 Polo 衫

取自于马球运动，但是作为超级运动衫与其说是因为马球比赛，不如说是由于网球为首的划艇、高尔夫等高级休闲运动而流行、发展、普及化起来的，这实在有些讽刺意味。因此它的贵族元素很重要，如果现在来定义一下马球衫的话，领子一定是罗纹套头式（不管有无纽扣）；原材料一定是百分百的棉。如果聚酯混纺织物、麻、丝绸、羊毛和其他混纺针织物为非主流产品。虽然说针织面料占了大部分，少数也会有针织品以外的其他材料的概念马球衫款式，比如在衣身上使用拉绒皮革或者丝织的马球衫也是可以见到的，这同样不是主流。但是不管是哪一种情况，领子用罗纹是它们共通的特征。

Polo 衫因其运动性和经典性，它的多重演化形式让马球衫家族变得丰富而多元，其中有马甲马球衫套装（Vest Bodies Polo），它是指马球衫上组合一件套头毛背心的穿着方式。流行于 20 世纪 50 年代初到 60 年代前半叶。拉链式开襟 Polo 衫（Zip Placketed Polo）指拉链开襟的套头马球衫。它作为 50 年代末到 60 年代前期的加利佛尼亚时尚运动衫被大家所熟知（图 8-31）。相似语还有拉链 Polo 衫（Zip-up Polo）或拉链针织衫（Zipped Up Polo Shirt）。

除了扣式和拉链式 Polo 衫外还有一类更加原始的系绳门襟针织衫庞德罗萨（Ponderosas），它是套头针织衫的一种。系带式半开襟为特征，面料为棉或麻针织，极少数也有鹿皮制的。从 20 世纪 60 年代开始，在美国加利福尼亚地区流行的时装，这样的背景自然也就不可能进入 Polo 衫的主流。

虽然领形形制决定了 T 恤衫和 Polo 衫这两种夏季户外服休闲品位的高低，但它们从"内"走出来的动机是一样的。内衣外穿使得它们承载了很强烈的时代气息，轻薄的针织面料让它们都成为舒畅夏季的首要选择。这将是一场还在继续着的现代科技取代传统伦理的生活方式革命。

第九章

穿出户外服的优雅

国际着装规则（THE DRESS CODE）是依据TPO（时间、地点、场合）规划了优雅、得体、适当和禁忌四大辨识标尺。优雅，作为服装穿着所达到的最高境界，除了外在上示人以良好的形象，内在上也给穿着者带来发自内心的平静和自信，也是作为绅士对着装上的终极标准与追求。这不仅需要了解绅士着装规则，更需要解读绅士着装密码。户外服如此深厚的历史与庞杂的知识，试图通过本章的梳理，使户外服穿着的优雅变得清晰和更具可操作性。

一、户外服社交不易犯错亦难优雅

在户外服中，优雅、得体、适当与禁忌四个层级的穿着效果依旧适用，然而又因其自身规则模糊的特点，虽不易穿错但也很难穿出优雅。

首先，户外服相对于礼服、常服或高级别外套来讲是一类非程式化的服装，并且款式类型庞大，时态多变。这就使得在户外服的着装选择上，情感化判断总会强过理性化判断。在原则性较强而又选择有限的程式化服装类型中（如礼服、西装），面对不同的TPO环境，是比较容易做出对与错，是与非判断的。但在户外服领域内，有众多款式的选择和无硬性的搭配方法让户外服在四个层级中，禁忌方向层面上的涉及较少，简单来讲就是户外服不容易穿出禁忌层面的原则性错误，正因如此穿出户外服的优雅也会变得困难重重。因此判断一个绅士的成功着装，最可靠的是看他户外服的修养而不是礼服。

其次，户外服除了其本身内容庞大外，它所可以辐射到的TPO范围更加广泛。在时间上的全天候性质，使得无论从季节气候的大时间到一日内昼夜的小时间都会涉及；地点上的室内与室外，城市与乡村；场合上的商务休闲和轻松派对；成熟稳重与年轻活力都不拒绝。这其中的每一个板块都有与之相对应的多种户外服款式可供选择与搭配。这使得户外服在四个层级中优雅方向层面上相对于礼服、常服和外套来讲有更宽泛的应用余地。

从上面的阐述可以为户外服着装特点概括出两句话，一、户外服因对应的TPO程式化标准低，所以在禁忌方向上不易出错优雅着装也难以成功；二、户外服因内容庞大且对TPO辐射范围广泛，所以在优雅方向上选择众多也会增加适合的判断难度。

在程式化标准较高的服装类型中，高度的程式化，使得对与错往往就在一瞬间。比如在设计中，将Suit（西服套装）的上下装面料不一致，或在穿着中选用礼服的标准搭配了浅色袜子。可能只因一点点的疏忽或无知，往往就会使精心的装扮从优雅直接沦落为禁忌行列。这仅仅只针对服装本身，如果再加入TPO等更大范围的因素加以考量，这几乎用一套公式计算出优雅来。所以对于程式化标准较高的服装类型，要做到全方位的优雅标准，实际上可选择的余地很小但可操作性强。这也是为什么我们认同"设计不是颠覆、而是蠕动"这样的理论，因为一旦进行颠覆设计，推翻的不单单是服装本身，而是服装背后历史积淀出的文化，这样做风险是极大的。所以在优雅层面上设计一定是蠕动的、缓慢的、细微的去改变它的味道，才能使其既散发出独立的设计感又不失传统的优雅风范。但对于程式化标准较低的户外服，在优雅方面就会有更广泛的作为，这里并不是说户外服就可以颠覆，而是因种类丰富使其有更多的选择余地。比如进行高尔夫运动时，在短外套的选择上，如果穿着诺福克或竞技夹克，散发出一种崇尚古典的优雅，也可以选择双缘罗纹的巴拉克塔夹克或斯特嘉姆夹克，展现出一种现代气息的时尚。两类夹克都贴合高尔夫这项运动，相互之间没有高低之分，合理穿着后都可算得上优雅，但展现出的却是两种不同的风格味道，前者更英国且传统，后者更美国且激进。这种多样的选择也就客观上降低了在禁忌上犯错的概率（图9-1）。

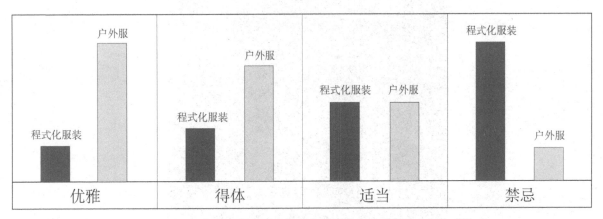

图 9-1 在 TPO 原则下户外服与程式化服装社交成功率的对比

纵然在户外服休闲社交中掉入禁忌的危险降低，但优雅的风格依旧是准绅士追求目标。户外服虽在优雅得体的层面上选择较多，但并不意味着穿出户外服的优雅会变得简单，甚至更加复杂。因为在礼仪级别高的服装中，优雅着装有着较为详细的一套传统规则和操作规程，选择不多反而容易把握。相反在户外服领域，有大量的款式选择，只要把握各个款式背后的历史文化信息对现实的影响，社交的对应就是成功的，当然对应度越高就越接近优雅，加上其法则的无形性，使得户外服的优雅着装变成了一件更需要知识和智慧的事情，这也使得户外服社交变成可以彰显绅士素质的最好平台，成为户外服不可抗拒的魅力所在。

一个充满冒险的狩猎间隙，分别是堑壕外套、巴布尔夹克和柴斯特外套装备的三个男人正在饮酒聊欢。从他们的装备看都够得上得体，且绅士十足，但有一个人是最优雅的，那就是装巴布尔夹克，配鸭舌帽、雨靴，挎着望远镜的老者，显然这是因为作为狩猎服的巴布尔经典装备的历史信息和现实社交的对应度最高。作为常服的堑壕外套和礼服的柴斯特外套，礼仪级别都高于巴布尔夹克，但场合对应度低于巴布尔夹克。他们之所以得到得体的评价，是因为"配备休闲"的路线，这确实需要着装知识和智慧，同时我们得到了户外服优雅的一个基本判断，"该出手时才出手"（图9-2）。

图9-2　柴斯特菲尔德（左）、堑壕外套装备（右）、巴布尔夹克（中）

二、不同历史背景带给户外服不同的社交品格

任何服装经典的形成都不是孤立的，这不单单是指那些我们传统理解上的绅士服（通常认为绅士服只有像燕尾服那样的礼服，这是我们最大的误读）。即使看似简单的一件T恤衫，在历史上也依旧有它演进的背景文化，在发展历程中也会有种种故事左右着它的走向。可以看出一件服装它的最初的形式，最原始的穿着目的，对于现在依旧有辐射效应，在户外服中，每一款服装在历史上的定位，与现今穿着者身处的TPO环境是否有暗含的对应关系，就考验这每位穿着者的智慧。所以我们应该对户外服经典的历史信息做到有所知性，才能整体地把握好优雅着装的关键。当然这里说的

只是服装一面，如果放大来看，对自身周边生活点滴的细节与历史都能加以了解和品味，便具备了成为一个绅士的重要素质。

就外衣或夹克而言，依据它们不同的出身与历史背景所产生不同性格，就可将其进行一个开放式的规划，让它们找到最适合它们发挥出优雅品质的 TPO 场所。

作为英式重文化的代表，巴布尔和诺福克在户外服社交中有着重要的地位。巴布尔从诞生之初就一直是英国皇家御用的户外品牌，诺福克夹克则是一种早期的狩猎服装，其后续衍生版本的夹克西装都已经进入到了更广泛的公务商务休闲社交中。这两款夹克历史悠久，一路走来一直伴随着英国户外田园文化对其的熏陶，带有浓重的英式厚重、慢生活的节奏。现今它们的应用领域早已不限于狩猎运动，在多种的休闲场合都可选择。它们的历史文化决定了其气质更加适合于沉稳、成熟、有年代感的户外活动场合中而成为主流休闲社交的标签。比如多年的老友聚会，秋冬季节的户外运动（高尔夫、垂钓），以文化历史为主线的旅行等这些节奏舒缓而底蕴深厚的休闲生活。或是在某一群体中处于领导地位或德高望重身份的人士穿着，提高自身品位以符合自身的社会地位和格调。选择这类服装，能使穿着者更加融入到这种深厚的历史情怀当中。对外提高了自身的着装品味，对内增加了自己在历史中的内心存在感。这种具有"成熟稳重"品格的户外服，在休闲社交中通往优雅是最值得作的功课，因为她会让我们进入一个品位休闲的保险箱（图 9-3）。

图 9-3　巴布尔休闲优雅的保险箱

　　具有"中庸本色"性格的户外服不会像"成熟稳重"类户外服一样保守，它开放而不轻浮。这类服装的代表是派克外衣、外穿衬衫等，显然是以美国务实精神为典型的户外服风尚。事实上走的是英式重文化和美式轻文化的中间路线。它们都是通过日常劳作所衍生出的户外服，而在工作中劳动者们的状态就是一个平稳的且单一的节奏，使得这些劳动类户外服都具有统一、本色、中性的特征。它可辐射到的穿着者年龄段范围很广，适用的场合也众多，所以也是应用最为广泛，被大众最为接受的一类户外服。当然受众面越大的服装在 TPO 场合中就越不容易出错，也不容易优雅，但他的最大优势就是户外服本色的回归。在穿着中更加适合身份地位相等，思想意识相近的一类人轻松休闲的场合，以表达相互之间更为亲近平等，无隔阂的一种最接近于日常生活的轻松平稳的社交状态（图9-4）。

图 9-4 本色休闲社交的典范

　　第三类是代表开放一代"年轻活力"性格的户外服，它们曾经都是来源于危险工种的工作服或激烈运动的比赛服，通过历史进程中不同时代文化运动的洗礼而发展壮大成为适合年轻人弄潮一族的户外服，年轻人自称为"潮服"。这其中以斯特嘉姆夹克、牛仔夹克和机车夹克最为典型。以前作为工作服的一部分所采用的差异面料，冲撞色系和金属配饰，现在却可以充分适应年青一代狂野不羁的性格。这类服装特别适用在极限运动，夜场派对等彰显个性的青年人放松娱乐的场合，达到区分于他人，表达自我为中心的目的，满足年轻人需要寻找自我的内心潜在诉求而也成为传统保守绅士敬而远之的一类（图9-5）。

图9-5　机车夹克让绅士敬而远之

　　需要强调的是，虽然将户外服简略地分为成熟稳重、中庸本色和年轻活力的三大类，但并不意味着是以年龄来划界。年轻人也可穿着沉稳的巴布尔，而长者也可尝试年轻的机车夹克，不但不会不和适宜，相反更能引人注目形成焦点。想象一下在嘈杂的年轻人活动中，却有位长者穿着金属皮革的机车夹克；或是宁静的户外活动，一位青年人安静的穿着着一件经典的巴布尔，他们都不一定达到优雅，但充满多元文化和历史气息的美好场景，无论如何是礼服不能企及的魅力。

　　通过历史文化为线索，将户外服以性格来定位，找到它们适合的TPO社交取向。这些信息对于致力于户外服的设计者和实践者都是必备的知识和素质。这样才可能引导消费者合理的穿着，当然也不要低估消费者的智慧和求上欲本性，服装本身所散发出的品格，其实消费者是一定能感受得到的。重要的是考验设计师能否做出符合历史信息的精妙设计，将经典的味道全面地诠释出来，给消费者以正能量的指引，那么户外服优雅的体验并非难事（图9-6）。

	款式	文化背景	历史信息	风格表现	户外服社交级别
秋冬季户外服经典款式	成熟稳重类				
	诺福克夹克	英国文化	高尔夫 狩猎	传统田园	■■■■■
	 巴布尔夹克	英国文化	户外运动(狩猎)	贵族休闲	■■■■□
中庸本色类	 派克装	杂糅文化	探险 御寒防风	功能主义	■■■□□
	 外穿衫	杂糅文化	野外工作(伐木)	功能主义	■■■□□
年轻活力类	 斯特嘉姆夹克	美国文化	工作 校园运动	常青藤风格	■■□□□
	 机车夹克	美国文化	驾驶 激烈运动	都市风格	■□□□□
	 牛仔夹克	美国文化	牧场 劳动服	草根风格	■□□□□

图 9-6　户外服的历史背景所反映出的社交等级

三、面料与形制决定户外服的社交取向

面料与形制对于服装的礼仪级别与休闲程度有着至关重要的影响。比如相同面料的西装，门襟形制采用双排扣比单排扣的礼仪级别要高，单排扣西装中门扣的数量越多（最多为三门扣）礼仪级别越低；如果是相同款式不同面料的西装，那么粗纺面料一定比精纺面料来的要偏向休闲。户外服面料与形制有着更加广泛的选择空间，但基本的理论原则是不会改变的，它有着很复杂的伦理文化背景，是很值得研究的"符号学"课题。可以通过三组案例来宏观的归纳出在面料和形制的选择对于户外服礼仪级别与休闲程度的影响。

衬衫作为服装中的一个大类可细化分为内穿衬衫与外穿衬衫。内穿衬衫是礼服和西装的配服，对外起到保护主服的作用，对内完成了对贴体内衣的掩盖和隔离外衣的作用，它作为外衣与内衣间的过度服饰一直伴随着主服的发展到现在，因此它与外衣保持了相同的级别，这就是在单独穿用时有礼服衬衫的特点。外穿衬衫是由内穿衬衣演变而来，并结合了户外服夹克风格，形成了独立的户外服款式。两者的身份区别本来相差悬殊，但随着社会发展，商务中的休闲风尚愈发浓重，这使得内穿衬衣也有了走出主服独立门户的可能性。而当内穿衬衣脱离了主服后，内衣外穿的风格使其休闲气息凸显出来，让它有了与外穿衬衣进行对比的平台。当然结果毋庸置疑，虽然两种服装在面料上都为机织，但内穿衬衣面料一直保持精致，而外穿衬衣面料趋向粗犷。更重要的是，因为出身的不同而产生形制上的差异，使得外穿衬衫更加休闲，内穿衬衣的单穿形式还是保持着较高的礼仪级别，这就是内穿衬衣总是比外穿衬衣级别要高的原因。由此可以得出一个基本判断：在面料和形制上户外服元素运用的越纯粹，越多休闲的社交取向越重，相反礼服的元素运用的越多，就越走向正式。

当机织面料遇到针织面料时，可以认定为社交等级的分水岭，典型的例子就是外穿衬衫与 Polo 衫之间的差异。Polo 衫的诞生就源于对网球运动外穿衬衫的改良，而为了增加运动性与舒适性，面料选择了当时常用于内衣的针织面料，这种将内衣面料应用在外衣服制的尝试对于当时的社交伦理是个颠覆性的，因为针织面料代表着内衣的隐私不能示外，就是在今天针织面料在所有礼服面料中被绝对排斥的。使得 Polo 衫相对于外穿衬衫在舒适性增加的同时休闲等级也大为提高，这也确立了源自内衣的针织面料相比于传统的机织面料更加运动化而不可能与正式沾上边。

当两种服装同为针织面料时，礼仪等级的关键就又回到了最初形制范畴了，比如

Polo衫比T恤衫级别要高，T恤衫比跨带背心级别要高。如果说Polo衫是从衬衫形制演变而来，只是采用了内衣的针织面料，那么T恤衫（或跨带衫）则是完完全全的内衣外穿，这时源自于外穿衬衫的Polo衫有领这一形制就又成为决定休闲等级的关键。面料与形制就好似两只无形的调控之手，操控着各种户外服在休闲与正式范围内的走向。当形制相同时，面料有着对服装的决定权，从大的方向上看机织高于针织、精仿高于粗纺、天然高于化纤。当面料相同时，形制元素的风格便占据主导地位，源于礼仪级别高的款式信息会整体拉升其自身的正式程度，反之则会使服装进一步走向休闲风格（图9-7）。

面料与形制互相作用所展现的户外服社交级别（夏季）

	款式	面料	形制	户外服社交级别
夏季户外服款式	 内穿衬衫	机织面料	内穿衣形制	■■■■■
	 外穿衬衫	机织面料	外穿衣形制	■■■■□
	 Polo衫	针织面料	外穿衣有领形制	■■■□□
	 T恤衫	针织面料	内衣外穿无领有袖形制	■■□□□
	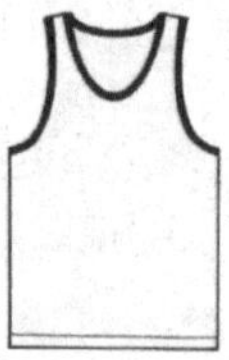 U领衫	针织面料	内衣外穿无领无袖形制	■□□□□

图9-7 面料和形制反映户外服的社交取向

四、户外服功用细节的社交暗示

在户外服中除了款式背后隐含的历史密语和面料与形制带来的直观感受外，细节上的不同和细微变化也在传播着优雅着装的语言。而这些细节的变化大都来自于各个礼仪界别服装中功用对它的影响与限制。

以裤子口袋的解析来学习这些知识是很有说服力的。礼服的西装裤中后口袋几乎是没有的，因为它源于与外套组合的配服，无论是由乘马服或燕尾服演化而来的礼服，普遍采用长款的形制导致裤子后口袋没有存在的意义，穿着者无法方便的使用。这个传统一直延续到今天，无后袋西裤便成为正式礼服裤子的特征，即便有也是象征意义大于实际意义。

常服西裤因为西服上衣长的减短给裤子后口袋带来了实际作用，但口袋的细节会采用级别较高的形式，工艺复杂的双开线挖袋成了它的标志。这样的口袋必然导致裤子要搭配里料和复杂的工艺进行缝制，进一步提升了自身的礼仪规格。可增加功用性的袋盖和纽扣元素却采用较少，当接近休闲风格的设计时才会加以运用。

休闲裤级别最高的就是卡其裤，在形制未有大变的情况下，面料由动物纤维的毛织物转变为植物纤维的卡其面料，这可以说是西裤到休闲裤转变标志性的元素。而在细节方面，挖袋的形制并没改变，工艺上简单的单开线挖袋被普遍使用，并配袋盖以纽扣增强口袋的安全性。其实在此之前西裤后口袋的符号意义要大于实际意义，它的外侧口袋几乎都不会为储物和携带所用，因为这样会严重影响强调修身廓形的西装结构。休闲裤则不同，口袋已经有了实际的功用意义，袋盖扣子在提升了口袋功能性的同时也作为标志确立着正式与休闲的分界点。

如果说卡其裤或灯芯绒裤等休闲裤算作是自上而下，由礼仪级别通过置换面料而向下辐射而衍生休闲款式的话，牛仔裤则是自下而上由底层挣脱出来的经典休闲裤。那么自然在礼仪上要低于卡其裤，但在功用细节上会有很大优势，比如方便运动的低腰短裆设计，选择更加牢固的育克结构（横向分割的一种结构设计）成了牛仔裤的标志性语言。而我们一直关注的口袋有了革命性的变化，采用了与挖袋完全不同的贴袋设计，贴袋应用的意义不仅仅在于简化了工艺，它可以让裤子从整体上完全放弃缝制里料的复杂工艺。更重要的是，挖袋趋向身体内侧发展的口袋技术，这样口袋功能的发展一定会受限的，而贴袋改变了这一方向，向身体外侧发展，这不仅简化了工艺，还使得可利用的范围变得无限大，进一步提升了细节功能设计的空间和休闲语言的表现力。

　　工装裤口袋的施展就实实在在利用了这一点，含有褶涧的口袋、膨胀的风琴口袋甚至外挂的大型口袋，并且一定会配以袋盖作为辅助，这些都因贴袋的采用而变为可能。如果说牛仔裤还可以与高级别服装搭配穿出混搭概念的话，那么工装裤、运动裤就成为礼仪级别最低但休闲与实用程度最高的运动户外服概念（图9-8）。

　　仅仅以裤子的口袋为视角去解释功用细节在户外服社交取向的暗示作用。这些功用细节的社交密语其实还会有很多，比如衬衫的袖头采用双层、单层、单扣、双扣、后身单褶、双褶的区别；裤子有无翻脚；夹克领口闭合时所采取的普通扣式、扣式调节襻、带式调节襻等不同的方法，都确切的影响着户外服的定位。值得注意的是选择有历史感的经典细节是硬道理，并准确的找到适合的TPO定位，这是"细节决定成败"对优雅休闲最好的诠释。

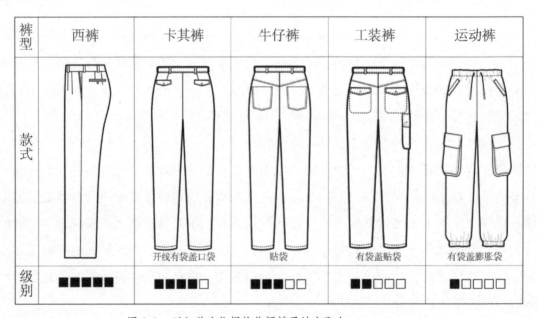

裤型	西裤	卡其裤	牛仔裤	工装裤	运动裤
款式		开线有袋盖口袋	贴袋	有袋盖贴袋	有袋盖膨胀袋
级别	■■■■■	■■■■□	■■■□□	■■□□□	■□□□□

图9-8　以细节为依据的休闲裤子社交取向

五、户外服的重色彩与轻色彩

　　颜色是能给人印象最早也最直接的服装信息。除了传统用色给人以根深蒂固的意识，比如重色正式，软色休闲等放之四海而皆准的自然感受外，在户外服中又因两大主流的英美轻重文化而左右着休闲社交的品位与风格。

　　在户外服"重文化"的用色系统中，它们浓重的乡村情节依旧影响深远，多以传统的自然环境色为主，如泥土色的赭石、土黄、苔藓，石头色的暗灰，枯草与枝杈所显现出的棕色与亚麻白色，丛林深处的墨绿、暗褐、青黑色等都是重文化的色系。面料上常加以粗犷风格与之相对应。这种看似不"干净"的颜色配以看似原始的面料使的整体风格与自然融为一体，而精良的做工与细节设计的细致入微又凸显出服装中强烈的人文意志，这种自然色系与人为工艺形成的强烈对比，使英式重文化的户外服充满了魅力，让那些崇高优雅梦归田园的绅士们无法抗拒（图9-9）。

图 9-9　重色彩的英国色调

　　美国引领世界的现代科技，足以将社会打造成一个花花世界，各种人工因素支撑着社会构架使得整个社会的风尚也趋向人的意志。反映到服装上，表现出绚丽多彩的人工色调，一些在生活实物中不常见的高明度、高纯度成为时尚的主流，才使得斯特嘉姆、校园毛衫变得色彩丰富靓丽。这是美国精神（创新与冒险共存）赋予服装必走"轻色彩"的，是不以人的意志为转移的时代潮流（图9-10）。在理念上，英国人崇尚对服装的保全，才会有沁蜡、肘皮补丁这样的元素。而美国人则向往服装代谢的自由，一些用后的污迹或破损不但不会去修补保养，甚至还会进行一些人为的放大破坏，这些污垢与破损的痕迹也成为美国户外服用色独特的语言符号，被那些充满颠覆意志的青少年的疯狂追逐。

图 9-10　轻色彩的美国色调

　　当然在现今全球一体化的时代，不会再有明确去区分英美文化规范用色的这套理论了，混搭早已成风。特别是在户外服领域，如何搭配都无法绝对的去定义对与错。然而TPO的国际规则还没被动摇，富有着装智慧的绅士会运用合理的混搭穿出自己的品味以宣示正果。而一味无原则的去追求标新立异的混搭，很可能会暴露自己的无知。

　　所以说无论是服装的历史背景信息、面料形制手段、功能元素还是色彩语言，我们都该工于习解，这种户外服知性的启蒙，是通达到有突破而不失控的必经之路。通过实践使这种能力变为自身的素质，融入休闲生活当中，这样才是一条通向户外服优雅方向的稳妥之道路。

六、梳理休闲

通过梳理，将松散的户外服搭建起一个系统的框架，可以有以下几方面的收获。第一，可以确立户外服在服装体系中的基石地位与推动作用；第二，以文化背景为视角，将户外服划归为英式重文化与美式轻文化两大风格方向，并明确了各自风格的品位走向与经典范式；第三，以第二次世界大战为线索，将户外服划分为战前的经典风格与战后现代风尚，并提出以第二次世界大战为节点确立的户外服现代化格局。

（一）户外服的基石地位推动着国际着装规则（THE DRESS CODE）整体向前发展

纵观国际着装规则（THE DRESS CODE）主流社交的格局，户外服无疑是最庞大的，而在礼仪级别上又是处于最底层的。看似无关轻重的户外服，正因其庞大的数量和所处基础地位，反而成为服装社交规则最重要的环节。在服装金字塔中位于中上层，所有礼仪级别的服装如果对其追本溯源，一定能够找到它们在户外服中的"根"，今天的便装一定会成为明天的礼服，明天的礼服一定会成为历史。实际上户外服才是服装发展的驱动力，无论是蒸蒸日上的休闲风格，还是日薄西山的公式化礼服，它们都曾经或依旧孕育在户外服的智慧当中。只是历史的不同选择使它们走上了不同的发展道路。由此看来，国际社交秩序无论是过去、现在和将来，都不能无视户外服的存在（见图2-4）。

（二）美英轻重文化的路线图

这种国际秩序的确定要得益于轻重两种服饰文化的繁荣与博弈。

日本户外服文献对服装面料"软硬"的一段解析，为我们深入浅出研究户外服的"轻重文化"提供了线索。它们因为地理位置上的差异而造成的地理气候、社会文化、民族习惯的不同而产生生活习惯的差异导致了两种风格的出现。这两种风格虽有不同，但究其本源仍旧同出一处，这就是它们都经历了"功能礼赞"而放之四海而皆准，这是它们能够成为世界主流社交和时尚风向标的关键。而这个"功能礼赞"的正剧还在继续演下去，在当今全球一体化下英美风格又在相互杂糅相互影响。使得户外服又有重归一体的趋势，而现行的户外服系统是以美国风格为主干，是因为她有引领世界的科技，而英国元素虽经典，但越来越曲高和寡。

从户外服整体脉络的总结提炼而形成的网状图可以看出，在各条主干上最为丰富的就是美国风格的户外服。这就可以确定，现代的户外服格局已完全被美国的轻文化所支撑。从宏观上全球这个大背景下看并不奇怪，美国自从 20 世纪初以来取代英伦成为全球超级大国就一直在输出它们的强势文化，夹杂着现代高新科技的美国价值观。而从微观来看，校园的常青藤风格、俱乐部的绅士文化、运动的大众风尚和军队的强国传统，这些崇尚高学历、品格、地位所衍生出的服装文化总是会更加受到大众的喜爱，而恰巧这些社会趋势又都是美国营造的，所以美国成为引领以"轻文化"为特色时代风尚的旗帜也就顺理成章了。

英国户外服作为经典保守的代表应用的空间变得越来越小，但是谁也不能忽视经典的存在和巨大的精神作用，正因此，它越发弥足珍贵，趋之若鹜。在户外服框架中虽然英国风格少之又少，但英国户外服中的经典元素几乎是统治性。比如复合式门襟，风琴式口袋，领部的灯芯绒、关键部位的皮质面料等，每一个小小的英国细节都会对一件户外服的整体品味道的提升起着至关重要的作用。而自称由英国祖先而来的美国人更是深知英国文化的力量，不失时机地将英国元素运用到自身的轻文化中，以向英国靠拢提升自信，甚至直接复制英国贵族文化而打造了常青藤帝国，这些都可以看出户外服的重文化虽"势单"并不"力薄"（图 9-11）。

英美两种不同的文化背景必然会导致最终风格的差异，这种结果表现在户外服上最直观的效果就是英国风格的"专物专用"与美国风格的"多用统一"。重要的是这两种文化被归为世界秩序的标尺，是因为他们共同追求户外服必需释放良好的功能目标而探索，只是采用的方法是不同的。英国风格将各种功用元素分散，以保证每种元素运用到位，例如英式御寒设计是通过单独的帽子、围巾和手套，腰带、袖带和肩襻也是可以拆卸的。相反美国风格则将各功用元素尽量统一，保持服装的整体性一物多用以适应快节奏的生活。如御寒采用连身风帽风挡和暖手袋，使帽子、围巾、手套不再单独配备。紧固的松紧带、罗纹口也免去了英国零散的装备。导致这些细节设计差异的原因就是英国重文化中慢节奏的绅士休闲生活与美国轻文化快节奏的务实精神所产生的。需要注意的是，美国在细节设计上虽趋于统一，但绝不放弃任何对现实有意义的功能设计，虽然它也许没有英国那么牢靠专业，但也绝不因为牺牲实用而坚守只表示贵族身份的符号，当然它们能结合起来是最好不过的，常青藤风格便是这样一个伟大作品（图 9-12）。

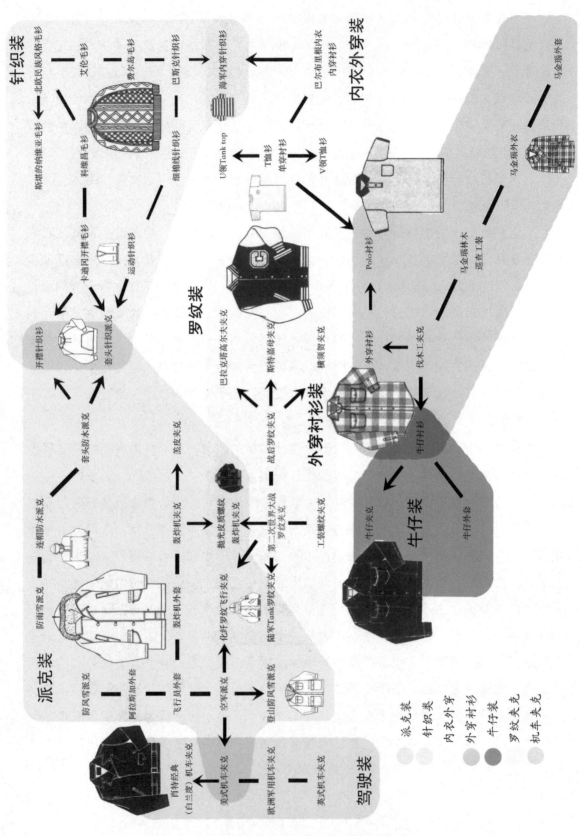

图9-11 美国轻文化和英国重文化户外服路线图

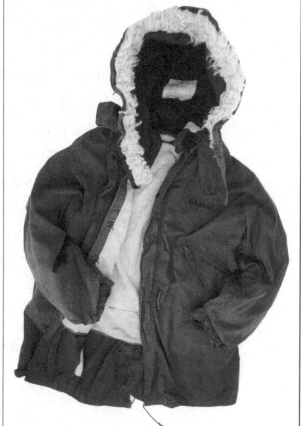

重的关键词

复合化、传统技术、传统工艺、天然材料、单一功能、慢生活、英国文化

轻的关键词

一体化、现代技术、现代工艺、人造材料、多重功能、快生活、美国文化

图 9-12　英美文化的不同细节设计风格

（三）第二次世界大战成为经典风格与现代风格户外服的分界线

如果说 19 世纪是男装近代化的 100 年，那么 20 世纪就是户外服现代化的 100 年，那么第二次世界大战就是户外服传统风格的现代化风格的分界线（图 9-13）。

如果对第二次世界大战前的户外服进行梳理的话，那么长款外衣一定多于现在户外服的短款夹克。第二次世界大战的爆发，为应对战争短款户外服除少量英国款式转做外套而保留至今，大量外套被简化为短款外衣和夹克。同时战争导致的科技提升也进一步冲击着传统天然面料的使用，化纤的广泛运用加速了美国轻文化的发展，美国通过战争的崛起也间接地提升了自身服装的影响力。由此可见第二次世界大战对户外服传统形制有着巨大的影响。每一场运动所产生的标志性服饰都被视为旗帜，白兰度夹克、牛仔夹克、派克外衣等通过改良后所形成的新形制在这一时期全面推到时尚的前沿，而随着通讯方式的不断提升，时尚流行的轮回周期也愈发缩短而频繁，众多概念户外服接连登场，它们之所以成为现代户外服的经典，一是战争让它们在功能上推向极致，奢华被节俭取代了；二是崛起的常青藤文化让这种"理性的优雅"得以确立。时至今日它们是品味休闲社交的风向标。正如保罗·福塞尔（Paul Fussell）（《格调》的作者，美国社会学家）所言，如何判断一个男人是不是准绅士，要看他有没有第二次世界大战的味道。

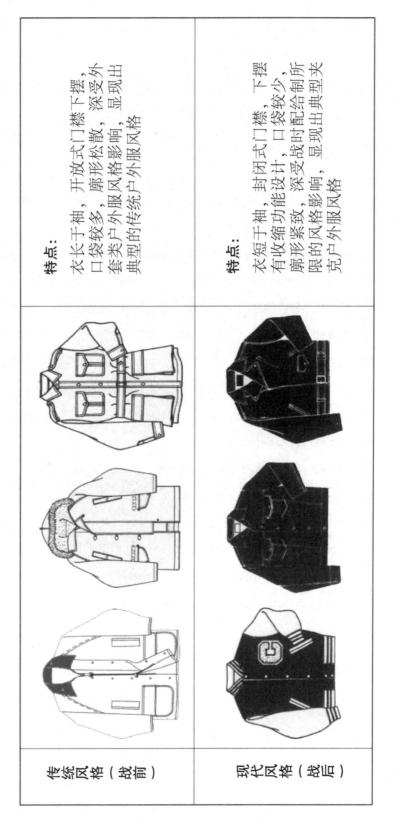

		特点： 衣长干袖，开放式门襟下摆，口袋较多，廓形松散，深受外套类户外服风格影响，显现出典型的传统户外服风格
传统风格（战前）		
		特点： 衣短干袖，封闭式门襟，下摆有收缩功能设计，口袋较少，廓形紧致，深受战时配给制所限的风格影响，显现出典型夹克户外服风格
现代风格（战后）		

图 9-13　第二次世界大战成为传统与现代户外服风格的分界线

参考文献

[1]　妇人画报社书籍编辑部. THE DRESS CODE[M]. 日本：妇人画报社，1996.

[2]　監修·堀洋一. 男の服飾事典 [M]. 日本：妇人画报社，1996.

[3]　妇人画报社书籍编辑部. OUTDOOR[M]. 日本：妇人画报社，昭和 60 年 6 月 20 日.

[4]　妇人画报社书籍编辑部. SUIT[M]. 日本：妇人画报社，昭和 59 年 10 月 20 日.

[5]　妇人画报社书籍编辑部. BLAZER[M]. 日本：妇人画报社，昭和 59 年 5 月 10 日.

[6]　妇人画报社书籍编辑部. COAT[M]. 日本：妇人画报社，昭和 59 年 11 月 20 日.

[7]　冈部隆男. JACKET[M]. 2 版. 日本：妇人画报社，1995 年 9 月 1 日.

[8]　Sims Luckett&Gunn.Vintage Manswear[M]. UK:Laurence King Publishing Ltd，2012

[9]　Josh Sims.Icons Of Men's Style[M]. UK:Laurence King Publishing Ltd，2011.

[10]　Bernhard Roetzel.Gentleman[M]. Germany:Konemann，1999.

[11]　Alan Flusser. Clothes And The Man[M]. United States: Villard Books，1987.

[12]　Alan Flusser. Style And The Man[M]. United States: Hapercollins，1996.

[13]　Alan Flusser.Dressing The Man[M]. United States: Hapercollins，2002.

[14]　James Bassil. The Style Bible[M]. United States: Collins Living，2007.

[15]　Carson Kressley. Off The Cuff[M]. USA :Penguin Group.Inc，2005.

[16]　Cally Blackman. One Hundred Years Of Menswear[M]. UK:Laurence King Publishing Ltd，
2009

[17]　Kim Johnson Gross Jeff Stone. Clothes[M]. New York: Alfred A. Knopf，1993.

[18]　Kim Johnson Gross Jeff Stone. Dress Smart Men[M]. New York: Grand Central Pub，2002.

[19]　Kim Johnson Gross Jeff Stone.Men's Wardrobe[M].UK: Thames and Hudson Ltd，1998.

[20]　Tony Glenville. Top To Toe[M]. UK: Apple Press，2007.

[21]　Birgit Engel. The 24-Hour Dress Code For Men[M].UK: Feierabend Verlag，Ohg，2004.

[22]　The Jacket. Chikuma Business Wear And Security Grand Uniform Collection 2004-05，2004.

[23]　Riccardo Villarosa & Giuliano Angeli 《Elegant Man— How to construct the ideal wardrobe》Random House，Inc.，New York，NY. 10022

[24]　刘瑞璞. 服装纸样设计原理与应用 男装编 [M]. 北京：中国纺织出版社，2008.

[25]　刘瑞璞，常卫民，王永刚. 国际化职业装设计与实务 [M]. 北京：中国纺织出版，2010.

[26]　刘瑞璞，谢芳. TPO 规则与男装成衣设计 [J]. 装饰，2008，（1）.

[27]　张宁. 男装纸样系列设计与方法研究 [D].北京：北京服装学院，2010.

[28]　王永刚. 基于 TDC 公务员着装规制与实务研究 [D]. 北京：北京服装学院，2009.

[29]　陈果. 基于 THE DRESS CODE 的 Suit Blazer Jacket 文献研究 [D]. 北京：北京服装学院，2012

[30]　万小妹. 基于 THE DRESS CODE 的外套文献研究 [D]. 北京：北京服装学院，2013.

[31]　魏莉. 服装 TPO 知识管理系统研究 [D]. 北京：北京服装学院，2006.

后记

　　户外服（OUTDOOR）可以出一本文献专著，这本身就是一个很值得研究的课题。第一，我们始终认为户外服没有形成像样的理论体系，它的松散形、时令性和活跃性似乎也不可能形成可以指导我们休闲社交的教科书。第二，户外运动、休闲的生活方式，在我们看来仅仅是近几年，十几年的事，如果说它有几十年上百年的历史，人们就不会想到与户外服挂上钩。因此，户外用品产业，谁也不会怀疑它是个朝阳产业。第三，户外服不可能产生像礼服那样的社交文化。然而我们地毯式的研究和整理欧美、日本，特别是英国古老绅士文化的相关文献，我们的这些没有经过研究的判断实在是幼稚可笑。

　　西方的主流社交从礼服、常服到户外服始终就是一个绅士文化的整体，也就决定了它的理论体系不可能是割裂的，以服装发展史的角度看，户外服是今天几乎所有服装的始祖，今天的燕尾服从昨天的骑士服而来，晨礼服继承了历史中散步服的血统，塔士多礼服可以说一直带着吸烟服的基因走到今天，西服套装就是19世纪末绅士的休闲装，布雷泽西装是从水手夹克演变而来，休闲西装可以说是19世纪末20世纪初狩猎夹克，高尔夫夹克、运动夹克的集大成者。按照这样的逻辑，今天的户外服完全可能成为明天的常服，甚至成为礼服。衬衣、polo衫、T恤衫、牛仔裤已经在职场中大行其道，西服套装（SUIT）成为社交的准礼服已经成为现实。我们这些知识的获得，却得益于对户外服知识的学习与实践。

　　由此可见，"户外服不可能产生像礼服那样的社交文化"这种没有经过研究的判断说明我们对历史的无知，问题出在，户外服完全没有像礼服那样可以用公式计算的社交伦理，但这不意味着它不存在"社交文化"。这就是本书开篇提出的，户外服文化对于我们来说是最需要启蒙的知识。因为户外服比任何服装的变数都多，如何与自己对号入座，着实需要更多的户外服知识与智慧，不妨再回去重温一下"重文化与轻文化"的秘籍，或许会收获更多的心得。

刘瑞璞

2015年12月

于北京服装学院